T0222971

Wissenschaftliche Reihe Fahrzeugtechnik Universität Stuttgart

Reihe herausgegeben von
M. Bargende, Stuttgart, Deutschland
H.-C. Reuss, Stuttgart, Deutschland
J. Wiedemann, Stuttgart, Deutschland

Das Institut für Verbrennungsmotoren und Kraftfahrwesen (IVK) an der Universität Stuttgart erforscht, entwickelt, appliziert und erprobt, in enger Zusammenarbeit mit der Industrie, Elemente bzw. Technologien aus dem Bereich moderner Fahrzeugkonzepte. Das Institut gliedert sich in die drei Bereiche Kraftfahrwesen, Fahrzeugantriebe und Kraftfahrzeug-Mechatronik. Aufgabe dieser Bereiche ist die Ausarbeitung des Themengebietes im Prüfstandsbetrieb, in Theorie und Simulation. Schwerpunkte des Kraftfahrwesens sind hierbei die Aerodynamik, Akustik (NVH), Fahrdynamik und Fahrermodellierung, Leichtbau, Sicherheit, Kraftübertragung sowie Energie und Thermomanagement – auch in Verbindung mit hybriden und batterieelektrischen Fahrzeugkonzepten. Der Bereich Fahrzeugantriebe widmet sich den Themen Brennverfahrensentwicklung einschließlich Regelungs- und Steuerungskonzeptionen bei zugleich minimierten Emissionen, komplexe Abgasnachbehandlung, Aufladesysteme und -strategien, Hybridsysteme und Betriebsstrategien sowie mechanisch-akustischen Fragestellungen. Themen der Kraftfahrzeug-Mechatronik sind die Antriebsstrangregelung/Hybride, Elektromobilität, Bordnetz und Energiemanagement, Funktions- und Softwareentwicklung sowie Test und Diagnose. Die Erfüllung dieser Aufgaben wird prüfstandsseitig neben vielem anderen unterstützt durch 19 Motorenprüfstände, zwei Rollenprüfstände, einen 1:1-Fahrsimulator, einen Antriebsstrangprüfstand, einen Thermowindkanal sowie einen 1:1-Aeroakustikwindkanal. Die wissenschaftliche Reihe „Fahrzeugtechnik Universität Stuttgart" präsentiert über die am Institut entstandenen Promotionen die hervorragenden Arbeitsergebnisse der Forschungstätigkeiten am IVK.

Reihe herausgegeben von

Prof. Dr.-Ing. Michael Bargende
Lehrstuhl Fahrzeugantriebe
Institut für Verbrennungsmotoren und
Kraftfahrwesen, Universität Stuttgart
Stuttgart, Deutschland

Prof. Dr.-Ing. Jochen Wiedemann
Lehrstuhl Kraftfahrwesen
Institut für Verbrennungsmotoren und
Kraftfahrwesen, Universität Stuttgart
Stuttgart, Deutschland

Prof. Dr.-Ing. Hans-Christian Reuss
Lehrstuhl Kraftfahrzeugmechatronik
Institut für Verbrennungsmotoren und
Kraftfahrwesen, Universität Stuttgart
Stuttgart, Deutschland

Weitere Bände in der Reihe http://www.springer.com/series/13535

Nicolai Stegmaier

Regelung von Antriebsstrang-prüfständen

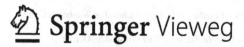

Nicolai Stegmaier
IVK Fakultät 7, Lehrstuhl für
Kraftfahrzeugmechatronik
Universität Stuttgart
Stuttgart, Deutschland

Zugl.: Dissertation Universität Stuttgart, 2018

D93

ISSN 2567-0042　　　　ISSN 2567-0352　(electronic)
Wissenschaftliche Reihe Fahrzeugtechnik Universität Stuttgart
ISBN 978-3-658-24269-5　　　ISBN 978-3-658-24270-1　(eBook)
https://doi.org/10.1007/978-3-658-24270-1

Die Deutsche Nationalbibliothek verzeichnet diese Publikation in der Deutschen National-
bibliografie; detaillierte bibliografische Daten sind im Internet über http://dnb.d-nb.de abrufbar.

Springer Vieweg ist ein Imprint der eingetragenen Gesellschaft Springer Fachmedien Wiesbaden GmbH
und ist ein Teil von Springer Nature
Die Anschrift der Gesellschaft ist: Abraham-Lincoln-Str. 46, 65189 Wiesbaden, Germany

Vorwort

Die vorliegende Arbeit ist während meiner Tätigkeit als wissenschaftlicher Mitarbeiter am Institut für Verbrennungsmotoren und Kraftfahrwesen (IVK) entstanden.

Mein besonderer Dank gilt Herrn Prof. Dr.-Ing. H.-C. Reuss. Er hat diese Arbeit ermöglicht, stets durch Rat und Tat gefördert und durch seine Unterstützung und sein Engagement wesentlich zum Gelingen beigetragen.

Für die freundliche Übernahme des Mitberichts, die Förderung der vorliegenden Arbeit und die äußerst sorgfältige Durchsicht gilt mein Dank gleichermaßen Herrn Prof. Dr. ir. habil. R. I. Leine.

Nicolai Stegmaier

Inhaltsverzeichnis

Abbildungsverzeichnis

Tabellenverzeichnis

Abkürzungsverzeichnis

Abkürzung	Bedeutung
ASP	Antriebsstrangprüfstand
RM	Radmaschine
VM	Vordermaschine
VBM	Verbrennungsmotor
LE	Leistungselektronik
ECU	Motorsteuergerät
SE	Stelleinrichtung
SE(RM)	Radseitige elektromotorische Stelleinrichtung
SE(VM)	Eintriebseitige elektromotorische Stelleinrichtung
SE(VBM)	Verbrennungsmotorische Stelleinrichtung
GSE	Getriebestelleinrichtung
SiL	Software-in-the-Loop
HiL	Hardware-in-the-Loop
$\dot\varphi$R	Drehzahlregler
M_WR	Wellenmomentregler
$\dot\varphi_S$R	Schwerpunktdrehzahlregler
$\Delta\dot\varphi$R	Radseitiger Differenzdrehzhalregler
$\sum M_W$R	Radseitiger Summenwellenmomentsregler
αS	Simulation eines Verbrennungsmotors mit einer Vordermaschine
RLS	Straßenlastsimulation
FS	Fahrersimulation
VST	Vorsteuerung
SGA	Störgrößenaufschaltung
ENK	Entkopplung

Abkürzung	Bedeutung
VIS	Vorsteuerung mit integrierter Störgrößenaufschaltung
VUS	Vorsteuerung und Störgrößenaufschaltung
VVUS	Vereinfachte Vorsteuerung und Störgrößenaufschaltung

Formelzeichenverzeichnis

Zeichen	Einheit	Beschreibung
M	Nm	Luftspaltmoment oder effektives Motormoment
M_W	Nm	Wellenmoment
M_D	Nm	Drehmoment eines Achsdifferentials
M_B	Nm	Bremsmoment
M_{Reifen}	Nm	vom Reifen übertragenes Drehmoment
M_{Vers}	Nm	eintriebseitiges Ersatzmoment
M_{mit}	Nm	Mittenmoment
ΔM	Nm	Differenzmoment
$\sum M_W$	Nm	Summenwellenmoment
φ	rad	Winkel
φ_D	rad	Winkel eines Achsdifferentials
φ_S	rad	Schwerpunktwinkel
φ_{mit}	rad	Mittenwinkel
$\Delta \varphi$	rad	Differenzwinkel
φ_W	rad	Winkel einer Seitenwelle
$\Delta \varphi_{Lose}$	rad	Differenzwinkel zur vollständigen Durchquerung der Lose
J	kgm²	Drehträgheit
J_D	kgm²	Drehträgheit der Abtriebe des Achsdifferentials
J_V	kgm²	Eintriebseitige Drehträgheit
J_H	kgm²	Radseitige Drehträgheit
J_{Vers}	kgm²	eintriebseitige Ersatzdrehträgheit
F_{FW}	N	gesamter Fahrwiderstand
F_a	N	Beschleunigungswiderstand

Zeichen	Einheit	Beschreibung
F_R	N	Rollwiderstand
F_L	N	Luftwiderstand
F_{St}	N	Steigungswiderstand
α	%	Fahrpedalwert
v	m/s	Fahrzeuggeschwindigkeit
m	kg	Fahrzeugmasse
g	m/s²	Erdbeschleunigung
γ	rad	Steigungswinkel
i	-	Übersetzungsverhältnis
c	Nm/rad	Federkonstante einer Seitenwelle
d	Nms/rad	Dämpferkonstante einer Seitenwelle
η	-	Wirkungsgrad
T_{Lat}	s	Latenzzeit
j	-	Imaginäre Einheit
J	kgm²	Drehträgheitsmatrix
D	kgm²	Dämpfungsmatrix
C	kgm²	Steifigkeitsmatrix
A		Systemmatrix
B		Steuermatrix
E		Beobachtungsmatrix
F		Durchgangsmatrix
T		Transformationsmatrix
x		Zustand (Spaltenvektor)
b		Erregung (Spaltenvektor)
u		Eingangsvektor (Spaltenvektor)

Zeichen	Einheit	Beschreibung
y		Ausgangsvektor (Spaltenvektor)
$G_{Ref}(s)$		Referenzübertragungsfunktion (Matrix)
$G_{Syn}(s)$		Synthetische Übertragungsfunktion (Matrix)
$G_{vSyn}(s)$		Vereinfachte Synthetische Übertragungsfunktion (Matrix)
$G_{soll}(s)$		Ziel-Frequenzgänge (Matrix)
x_{max}		Maximalwert einer Größe x
x_{min}		Minimalwert einer Größe x
$x_{k,kk}$		k. Zeile und kk. Spalte einer Größe x
x_V		eintriebseitige Größe x
$x_{L/R}$		linke/rechte abtriebseitige Größe x
x_H		abtriebseitige Größe x
x_D		Achsdifferential betreffende Größe x
x_{soll}		Sollwert einer Größe x
x_0		Anfangswert einer Größe x
x_{Lin}		Lineare Modell betreffende Größe x
x_{Sim}		Simulationsmodell betreffende Größe x
x_{Reg}		Reglerentwurfsmodell betreffende Größe x
x_{Zus}		Zustandsraumdarstellung betreffende Größe x
$\tilde{x}$		Transformierte einer Größe x
$\dot{x}$		erste zeitliche Ableitung einer Größe x
$\ddot{x}$		zweite zeitliche Ableitung einer Größe x
$e(x)$		Regelabweichung einer Größe x
$|e(x)|_{max}$		maximale betragsmäßige Regelabweichung einer Größe x

Zeichen	Einheit	Beschreibung
$\bar{I}^2(x)$		mittlere quadratische Regelfläche einer Größe x
$\hat{E}(x)$		maximale betragsmäßige Abweichung einer Größe x
$\bar{E}^2(x)$		mittlere quadratische Abweichung einer Größe x
$\hat{V}(x)$		relative Verbesserung von $|e(x)|_{\max}$
$\bar{V}^2(x)$		relative Verbesserung von $\bar{I}^2(x)$

Zusammenfassung

Die vorliegende Arbeit leistet einen Beitrag zur Regelung von Antriebsstrangprüfständen, wobei die Verbesserung der Regelgüte der radseitigen Drehzahlregelungen und damit der Realitätsnähe im Fokus stehen.

Zunächst werden aus der Literatur bekannte Verfahren zur Regelung von Antriebsstrangprüfständen aufgearbeitet sowie systematisch und strukturiert zusammengefasst. Auf diese Weise wird Interessierten erstmalig eine umfangreiche Zusammenfassung zur Verfügung gestellt, die zugleich die Grundlage und den Ausgangpunkt für über den Stand der Technik hinausgehende Überlegungen bildet.

Bei der Lösung von Regelungsaufgaben ist die Modellierung der Regelstrecke ein zentraler Schritt, da Regelstreckenmodelle sowohl beim Reglerentwurf als auch bei der simulativen Untersuchung des Verhaltens des geschlossenen Regelkreises eingesetzt werden. Diesem Gedanken folgend werden zunächst drei anwendungsspezifische Modelle einer beispielhaften Regelstrecke abgeleitet, die sich hinsichtlich ihres Detaillierungsgrads unterscheiden. Anschließend werden die Regelstreckenmodelle anhand des Vergleichs von Ergebnissen aus Simulationen mit denen aus Prüfstandsversuchen validiert, um ihre Gültigkeit in Bezug auf die Aufgabenstellung festzustellen. Darüber hinaus wird das Verhalten der Regelstreckenmodelle miteinander verglichen und zum besseren Verständnis physikalisch interpretiert.

Drehzahlregelungen im Kontext von Antriebsstrangprüfständen basieren üblicherweise auf PI-Regelgesetzen, was insbesondere auf ihre einfache Handhabung und ihr hohes Maß an Robustheit zurückzuführen ist. Aus diesen Gründen werden sie als Ausgangspunkt der folgenden Überlegungen genutzt und durch Erweiterungen mit vorsteuernder und störgrößenaufschaltender respektive entkoppelnder Wirkung ergänzt. Zur Verbesserung der Regelgüte der radseitigen Drehzahlregelungen werden die drei Erweiterungen *Vorsteuerung mit integrierter Störgrößenaufschaltung*, *Vorsteuerung und Störgrößenaufschaltung* sowie *Vereinfachte Vorsteuerung und Störgrößenaufschaltung* entwickelt. Sie zeichnen sich gegenüber bekannten Verfahren im Wesentlichen durch die detaillierte Berücksichtigung des Prüflingsverhaltens aus, wozu insbesondere sein dynamisches Übertragungsverhalten zählt. Abschließend wird der Einfluss dieser Erweiterungen auf die radseitigen Drehzahlregelungen im geschlossenen Wirkungskreis mithilfe von Simulationen und Prüfstandsversuchen untersucht und die erzielte Verbesserung der Regelgüte quantifiziert.

Abstract

This dissertation deals with the regulation of powertrain test stands. It aims at improving the control quality of the wheel rotational speed and as such at improving the accuracy of the test stand.

At first existing control methods of powertrain test stands are summarized in a systematical and structured way. The result is the first comprehensive summary of this kind, which also builds the starting point and foundation for considerations that go beyond the current state of the art.

When solving any kind of control task, the modelling of the control plant is a key step, as the plant models are being used both in the control system design and in the simulation of the behavior of closed control loops. In recognition of this fact three application specific models of an exemplary control plant are being derived in a first step. They differ from each other by their level of detail. Subsequently the plant models are validated by comparing the results of simulations with the results of test stand trials to confirm their validity in relation to the task at hand. The behavior of the plant models are compared with each other and physically interpreted.

Rotational speed control in powertrain test stands is usually based on PI control principles because they are simple to handle and show a high level of robustness. For this reason they are core to the considerations of this dissertation, while being complemented by feed-forward control and disturbance compensation control elements. In order to improve the control quality of the wheel rotational speed the three additions *Feed-forward control with integrated disturbance compensation control, Feed-forward control and disturbance compensation control* and *Simplified feed-forward control and disturbance compensation control* are being developed. They distinguish themselves from known methods mainly by their detailed consideration of the behavior of the testee, specifically its dynamical transfer behavior. Finally, the impact of these additions on the wheel rotational speed control in the closed loop is being evaluated with the help of simulations and test stand trials and the improvement of the control quality is being quantified.

1 Einleitung

Die moderne Automobilentwicklung soll den steigenden Anforderungen des Marktes und des Gesetzgebers Rechnung tragen. Diese Anforderungen bestehen beispielsweise hinsichtlich Lebensdauer, Fahrleistung, Verbrauch, Emission, Fahrkomfort, Fahrerassistenz und Sicherheit, welche eine rasante Zunahme der Komplexität des Automobils mit sich bringen. Gleichzeitig sollen die Entwicklungszeit und der -aufwand reduziert werden [1, 2]. Eine wichtige Maßnahme zu Erreichung dieser konkurrierenden Ziele ist die Verlagerung von Untersuchungen auf Grundlage von Fahrversuchen auf Prüfstände, welche als Road-to-Rig bezeichnet wird [3, 4, 5]. Hierdurch kann die Anzahl der hohe Kosten verursachenden Versuchsfahrzeuge sowie der personalintensiven Fahrversuche reduziert werden [3, 4, 6]. Neben diesen wirtschaftlichen Aspekten bieten Prüfstände eine ganze Reihe grundsätzlicher technischer Vorteile gegenüber Fahrversuchen. Hierzu zählen bessere Reproduzierbarkeit, stärkere Entkopplung oder sogar gezielte Beeinflussung von Umgebungsbedingungen, höhere und frühere Verfügbarkeit im Entwicklungsprozess, günstigere Umgebungsbedingungen für Messtechnik, bessere Automatisierbarkeit, einfachere Zugänglichkeit sowie höhere Freiheiten bei der Versuchsdurchführung [2, 3, 4, 6, 7, 8, 9, 10, 11]. Außerdem wurden in den letzten 30 Jahren erhebliche Fortschritte in Bezug auf Regelgüte und Realitätsnähe erzielt, welche im Wesentlichen auf Weiterentwicklungen zurückzuführen sind, die den Fachgebieten Regelungstechnik, Leistungselektronik, Elektromotoren, Simulationstechnik und Echtzeitsysteme zugeordnet werden [7]. Trotz dieser Verbesserungen kann der Fahrversuch bis heute nicht vollständig durch Prüfstandsversuche ersetzt werden [6].

Die vorliegende Arbeit leistet einen Beitrag zur Regelung von Antriebsstrangprüfständen, womit im Folgenden die Regelung des Eintriebs und der Abtriebe bezeichnet wird. In diesem Zusammenhang werden aus der Literatur bekannte Verfahren systematisch und strukturiert zusammengefasst. Hiermit soll Interessierten erstmalig eine umfangreiche Zusammenfassung zur Verfügung gestellt werden, die den Zugang zur Regelung von Antriebsstrangprüfständen erleichtert. Außerdem versteht sie sich als Grundlage und Ausgangspunkt über den Stand der Technik hinausgehender Überlegungen. Der Kern dieser Arbeit besteht in der Erforschung von neuen regelungstechnischen Ansätzen, die die Verbesserung der Regelgüte der abtriebseitigen

© Springer Fachmedien Wiesbaden GmbH, ein Teil von Springer Nature 2019
N. Stegmaier, *Regelung von Antriebsstrangprüfständen*, Wissenschaftliche Reihe Fahrzeugtechnik Universität Stuttgart, https://doi.org/10.1007/978-3-658-24270-1_1

Drehzahlregelungen zum Ziel haben. Hiervon profitiert auch die Realitätsnähe, da einige Straßenlastsimulationen auf unterlagerten Drehzahlregelungen basieren.

2 Grundlagen

In diesem Kapitel sollen einige Grundlagen der vorliegenden Arbeit vermittelt werden, wozu zunächst der Begriff des Antriebsstrangprüfstandes definiert wird. Es folgen Erläuterungen zum grundsätzlichen Aufbau und zur prinzipiellen Funktionsweise eines Antriebsstrangprüfstandes. Hierzu werden seine wesentlichen Teilsysteme vorgestellt, wobei insbesondere auf ihre Rolle im Gesamtsystem und ihr Verhältnis zu den anderen Teilsystemen eingegangen wird. Darüber hinaus dient dieses Kapitel dazu, Annahmen, die den folgenden Überlegungen zugrunde liegen, zu treffen und Bezeichnungen sowie Platzhalter physikalischer Größen festzulegen.

Die folgende Definition des Begriffs Antriebsstrangprüfstand versteht sich im Kontext des Kraftfahrzeugs und ist an die Definitionen der Begriffe Aggregat- und Antriebsstrangprüfstand aus [12] angelehnt. *„Antriebsstrangprüfstände oder kurz ASP dienen zur Untersuchung von Antriebssträngen. Hierzu werden mindestens die angetriebenen Räder durch Belastungsmaschinen ersetzt. Der Eintrieb erfolgt wahlweise durch eine prüfstandsseitige Eintriebsmaschine oder den prüflingseitigen Eintrieb.“*

Eine radseitige Belastungsmaschine wird im Folgenden als Radmaschine oder kurz RM bezeichnet. Sie dient dazu, der Radnabe eines Prüflings ein Drehmoment aufzuprägen, wobei eine Drehbewegung um die Längsachse ihres Rotors möglich ist. Auf diese Weise kann sie das Rad in seiner Wirkung auf den Antriebsstrang nachbilden. Es wird davon ausgegangen, dass sie – dem Stand der Technik entsprechend – als elektrische Maschine ausgeführt wird und ihre Ansteuerung mittels einer Leistungselektronik oder kurz LE erfolgt. Der Verbund aus Leistungselektronik und Radmaschine wird als radseitige elektromotorische Stelleinrichtung oder kurz SE(RM) bezeichnet. Sie steht mit dem Prozessleitsystem in Verbindung und setzt dessen Drehmomentanforderung um. Tiefergehende Erläuterungen zur radseitigen elektromotorischen Stelleinrichtung finden sich in Kapitel 2.1.

Es wird davon ausgegangen, dass der prüflingseitige Eintrieb als Verbrennungsmotor oder kurz VBM ausgeführt ist, wobei in dieser Arbeit vom Hubkolbenprinzip ausgegangen wird. Er dient dazu, dem Getriebeeingang ein Drehmoment aufzuprägen, wobei er eine Drehbewegung um die Längsachse

© Springer Fachmedien Wiesbaden GmbH, ein Teil von Springer Nature 2019
N. Stegmaier, *Regelung von Antriebsstrangprüfständen*, Wissenschaftliche Reihe
Fahrzeugtechnik Universität Stuttgart, https://doi.org/10.1007/978-3-658-24270-1_2

seiner Kurbelwelle zulässt. Seine Ansteuerung erfolgt mittels einem Motor-steuergerät oder kurz ECU. Der Verbund aus Motorsteuergerät und Verbren-nungsmotor wird als verbrennungsmotorische Stelleinrichtung oder kurz SE(VBM) bezeichnet. Sie steht mit dem Prozessleitsystem in Verbindung und setzt dessen Drehmomentanforderung um. Weiterführende Erläuterun-gen zu eintriebseitigen verbrennungsmotorischen Stelleinrichtungen sind in Kapitel 2.2 zu finden.

Eine prüfstandseitige Eintriebsmaschine wird im Rahmen dieser Arbeit auch Vordermaschine oder kurz VM genannt. Sie hat zur Aufgabe, dem Getriebe-eingang ein Drehmoment aufzuprägen und dabei eine Drehbewegung um die Längsachse ihres Rotors zu ermöglichen. Auf diese Weise ist sie in der Lage, den Verbrennungsmotor in seiner Wirkung auf den Antriebsstrang nachzu-bilden. Die Erläuterungen zu radseitigen elektromotorischen Stelleinrichtun-gen sind auf eintriebseitige elektromotorische Stelleinrichtungen oder kurz SE(VM) übertragbar, weswegen für weitere Ausführungen auf Kapitel 2.1 verwiesen wird.

Ein Prozessleitsystem ermöglicht den teil- bis vollautomatisierten Betrieb ei-nes Antriebsstrangprüfstandes. Gemäß [13] dient ein Prozessleitsystem im engeren Sinne zur Informationsübertragung, zur Informationsverarbeitung und zum Informationsaustausch. Die Informationsübertragung hat insbeson-dere die Bereitstellung bzw. Aufprägung von Informationen durch Sensorik bzw. Aktorik zur Aufgabe. Die Informationsverarbeitung dient vor allem dem Regeln, Steuern und Überwachen des Prozesses. Die Eingabe von In-formationen durch das Bedienpersonal sowie die Darstellung von Informati-onen für das Bedienpersonal sind dem Informationsaustausch zuzuordnen. Ein Prozessleitsystem – als zentrale leitende Einrichtung – steht mit allen an-deren Teilsystemen eines Antriebsstrangprüfstandes in Verbindung. [11] und [14] empfehlen modular aufgebaute Prozessleitsysteme, da sie günstige Ei-genschaften hinsichtlich ihrer Erweiterbarkeit und der Austauschbarkeit ein-zelner Module auszeichnen. Außerdem führt ein modularer Aufbau zu einer Verteilung der Rechenlast.

Neben den Radmaschinen und der Vordermaschine verfügt ein Antriebs-strangprüfstand über weitere Einrichtungen, die mechanische, hydraulische, elektrische, informationstechnische und/oder thermische Interaktionen mit dem Prüfling ermöglichen. Da diese Einrichtungen in vielen Fällen mit eige-nen Digitalrechnern ausgestattet sind und komplexe Teilprozesse leiten, werden sie im Folgenden als Peripheriegeräte bezeichnet, obwohl sie gemäß [13] zum Prozessleitsystem gehören. Sie stehen mit dem Prozessleitsystem und mittel- oder unmittelbar mit dem Prüfling in Verbindung. Die erforderlichen Peripheriegeräte richten sich nach den durchzuführenden Untersuchungen. Viele Peripheriegeräte sind mit vertretbarem Aufwand nachrüstbar, wobei einige sogar mobil ausgeführt sind und besonders schnell beigestellt werden können. Zur Veranschaulichung seien beispielhaft die Peripheriegeräte Getriebestelleinrichtungen [4, 5], dezentrale I/O-Module, Thermostatierungen [5], Konditionierungen, Batteriesimulatoren, Diagnosewerkzeuge und dezentrale Restbussimulationen [5] genannt.

Um den beschriebenen Aufbau und die Funktion eines Antriebsstrangprüfstandes zu illustrieren, ist in Abbildung 2.1 ein entsprechendes Blockschaltbild dargestellt. Diese Darstellung ist beispielhaft und in Bezug auf die Ausführungsform des Antriebsstrangprüfstandes sowie des Prüflings nicht einschränkend zu verstehen.

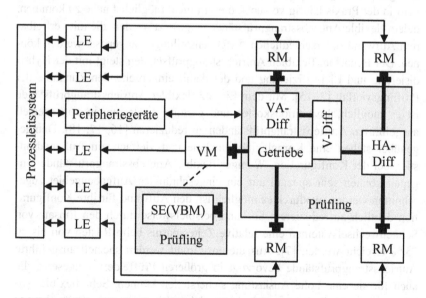

Abbildung 2.1: Blockschaltbild: Antriebsstrangprüfstand mit Prüfling

Die Ausführungsform eines Antriebsstrangprüfstandes wird bei seiner Konzeption festgelegt und hängt maßgeblich von seinen Aufgaben ab. Dabei können verschiedene Ausführungsformen so stark voneinander abweichen, dass sie für die jeweils anderen Aufgaben nicht geeignet sind, was anhand eines Beispiels verdeutlicht werden soll. Bei einem Antriebsstrangprüfstand für Akustikuntersuchungen ist es sinnvoll, die Radmaschinen außerhalb der akustisch optimierten Prüfzelle anzuordnen und sie über lange Wellen mit den Radnaben des Prüflings zu verbinden. Auf diese Weise werden die Radmaschinen als Quellen akustischer Störungen aus dem unmittelbaren Umfeld des Prüflings und der akustischen Messeinrichtungen entfernt. Für einen hochdynamischen Antriebsstrangprüfstand hingegen ist eine direkte Anbindung der Radmaschinen an die Radnaben vorteilhaft, da so keine zusätzlichen Elastizitäten und Drehträgheiten hinzugefügt werden, die die Dynamik des Übertragungsverhalten der Luftspaltmomente auf die Wellenmomente verschlechtern.

Vor dem Hintergrund der Vielfalt an Ausführungsformen von Antriebsstrangprüfständen und Peripheriegeräten ist klar, dass es keinen Antriebsstrangprüfstand geben kann, der allen Anforderungen gerecht wird. Dennoch wird in der Praxis häufig versucht, diesem Ideal möglichst nahe zu kommen, indem flexible Antriebsstrangprüfstände eingesetzt werden, die mit vertretbarem Aufwand unterschiedlichen Aufgabenstellungen angepasst werden können. Der Bedarf an flexiblen Antriebsstrangprüfständen steigt mit der Hybridisierung und Elektrifizierung und der damit einhergehenden Zunahme der Prüflingsvielfalt [2, 15]. Mit dem Einsatz flexibler Antriebsstrangprüfstände ist es möglich, Investitionskosten und geringe Auslastungen von speziell ausgeführten Antriebsstrangprüfständen zu reduzieren [16, 17, 18]. Demgegenüber stehen eine Komplexitätszunahme und vielfach ein Aufwandsanstieg bei der Konfiguration. Weniger flexible Antriebsstrangprüfstände hingegen können sehr speziell auf ein eingeschränktes Aufgabengebiet zugeschnitten werden, wodurch es möglich ist, den Aufwand für ihre Konfiguration deutlich zu reduzieren. So kann beispielsweise durch den Einsatz von Schnellwechselsystemen eine relative Zeitersparnis beim Rüsten von bis zu 75 % erreicht werden [7]. Aus diesem Grund werden speziell ausgeführte Antriebsstrangprüfstände bevorzugt in größeren Prüffeldern eingesetzt, die auch für sie eine hohe Auslastung sicherstellen können. Sehr flexible Antriebsstrangprüfstände hingegen eignen sich in besonderem Maß für kleinere Prüffelder [2, 16, 17, 19] wie sie beispielsweise in universitären Forschungseinrichtungen anzutreffen sind, die nicht jede Aufgabenstellung mit einem gesonderten Antriebsstrangprüfstand bedienen können. In der Forschung kommt erschwerend hinzu, dass die Aufgabenstellungen bei der Konzeption eines Antriebsstrangprüfstandes oft nicht mit Sicherheit bekannt sind. Zur Veranschaulichung werden im Folgenden einige Beispiele flexibler Ansätze genannt. In [16, 17, 19] werden Anpassgetriebe vorgeschlagen, um den Arbeitsbereich der Radmaschinen variieren zu können. Ein weiteres und zugleich sehr umfassendes Beispiel besteht im Antriebsstrang- und Hybrid-Prüfstand der Universität Stuttgart, der in [2] vorgestellt wird und die Untersuchung verschiedenster Antriebsstränge ermöglicht.

2.1 Elektromotorische Stelleinrichtung

Eine elektromotorische Stelleinrichtung besteht, wie zu Beginn von Kapitel 2 beschrieben, aus einer Leistungselektronik und einer Radmaschine respektive einer Vordermaschine, die als elektrische Maschinen ausgeführt sind. Elektromotorische Stelleinrichtungen werden in Zusammenhang mit Antriebsstrangprüfständen vorzugsweise eingesetzt, da sie sich durch günstige Eigenschaften in Bezug auf Dynamik, Wirkungsgrad, Leistungsdichte, Verfügbarkeit, Flexibilität, Wartung, Drehträgheit des Maschinenrotors und Sauberkeit auszeichnen [7, 9, 20, 21]. Die hohe Flexibilität ist insbesondere im Vier-Quadranten-Betrieb begründet, der hohe Freiheitsgrade beim Aufprägen des Drehmoments zulässt, sodass prinzipiell jedes Fahrmanöver dargestellt werden kann. Die Dynamik einer elektromotorischen Stelleinrichtung wird häufig anhand der Anregelzeit des Luftspaltmoments quantifiziert. Lagen diese Zeiten in den achtziger Jahren noch bei 10 bis 20 ms [7, 16, 22, 23, 24] und um das Jahr 2000 noch bei ca. 5 ms [5, 21] so sind inzwischen 1 bis 3 ms darstellbar.

Im Folgenden wird davon ausgegangen, dass eine elektromotorische Stelleinrichtung einen Sollwert für ihr Luftspaltmoment erhält, den sie eigenständig mit einem bestimmten Übertragungsverhalten umsetzt. Dieses Stellverhalten bildet die Grundlage für alle überlagerten Regelkreise. Der Stelleinrichtung unterlagerte Regelkreise, wie der in [25] beschriebene Stromregler der Leistungselektronik, sollen im Rahmen dieser Arbeit nicht weiter betrachtet werden. Stattdessen wird von dem Stand der Technik entsprechenden elektromotorischen Stelleinrichtungen ausgegangen und für vertiefende Betrachtungen auf die Grundlagenwerke [26, 27, 28] verwiesen. Das sich einstellende Luftspaltmoment, das im Folgenden das um die mechanischen Verluste der elektrischen Maschine korrigierte Luftspaltmoment meint, wird mit dem Platzhalter M bezeichnet. Es ist messtechnisch nicht direkt zu erfassen und kann im Bedarfsfall aus den von der Leistungselektronik gestellten Strömen berechnet werden. Das von der Abtriebseite einer Rad- bzw. Vordermaschine auf den Prüfling ausgeübte Drehmoment wird als das Wellenmoment M_W bezeichnet. Es kann messtechnisch unter Zuhilfenahme einer Drehmomentmessnabe ermittelt werden, die zwischen dem Maschinenrotor und dem Prüfling angeordnet ist. Der sich in Abhängigkeit des Luftspalt- und des Wellenmoments einstellende Winkel des Maschinenrotors φ wird beispielsweise mit einem Winkelgeber erfasst, der ohnehin an vielen elektrischen Maschinen verbaut ist. Wird der Maschinenrotor einer elektrischen Maschine als Starrkörper mit der Drehträgheit J betrachtet, so liefert der Drehimpulssatz die Bewegungsgleichung

$$J\ddot{\varphi} = M - M_W. \hspace{3cm} \text{Gl. 2.1}$$

Eine elektromotorische Stelleinrichtung sowie zusätzliche potentielle Messgrößen sind in Abbildung 2.2 in Form eines Signalflussplans veranschaulicht.

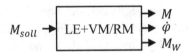

Abbildung 2.2: Signalflussplan: Elektromotorische Stelleinrichtung

2.2   Verbrennungsmotorische Stelleinrichtung

Erfolgt der Eintrieb prüflingseitig, so sind unterschiedlichste Konfigurationen denkbar, die von konventionellen Verbrennungsmotoren über hybride Eintriebe bis hin zu rein elektrischen Antrieben reichen [29]. In Sonderfällen sind auch Kombinationen aus prüfstand- und prüflingseitigen Eintrieben denkbar. So ist es beispielsweise möglich, den Verbrennungsmotor eines Parallelhybrids durch eine Vordermaschine zu ersetzen, während das fahrzeugseitige Hybridmodul Bestandteil des Aufbaus bleibt. Vor dem Hintergrund der Vielfalt der prüflingseitigen Eintriebe beschränkt sich diese Arbeit auf die beispielhafte Betrachtung eines Verbrennungsmotors, der bis heute die am weitesten verbreitete Form des prüflingseitigen Eintriebs darstellt.

Mit einer Vordermaschine lassen sich bis heute nicht alle Wirkungen eines Verbrennungsmotors auf den Antriebsstrang in vollem Umfang nachbilden [18, 22, 30], sodass der Verbrennungsmotor in Bezug auf die Realitätsnähe die erste Wahl ist. Auf der anderen Seite bieten Vordermaschinen einige Vorteile gegenüber Verbrennungsmotoren, wenn sie als Eintrieb an Antriebsstrangprüfständen eingesetzt werden. Hierzu zählen höhere und frühere Verfügbarkeit im Produktentwicklungsprozess, längere Lebensdauer, höhere Wirtschaftlichkeit, stärkere Flexibilität, bessere Reproduzierbarkeit und geringerer Aufwand beim Betrieb [4, 5, 7, 10, 18, 22].

Ein Verbrennungsmotor wird von einem Motorsteuergerät gesteuert, das als wesentliche Stellgröße den Fahrpedalwert α erhält, während weitere Stell- und Einflussgrößen wie Getriebeeingriffe vorerst nicht berücksichtigt werden. Ein Verbrennungsmotor liefert gemäß [31] ein indiziertes Motormoment, das um die Verlustmomente korrigiert wird, um das effektive Motormoment zu berechnen. Das effektive Motormoment wird im Rahmen dieser Arbeit analog zum Luftspaltmoment einer elektrischen Maschine mit M bezeichnet. Es kann messtechnisch nicht direkt erfasst werden, sodass es üblicherweise vom Motorsteuergerät berechnet und bei Bedarf an das Prozessleitsystem übergeben wird. Das von der Abtriebseite eines Verbrennungsmotors auf den Prüfling ausgeübte Drehmoment wird analog zur elektromotorischen Stelleinrichtung als Wellenmoment bezeichnet. Der Winkel der Kurbelwelle φ stellt sich in Abhängigkeit des effektiven Motormoments und des Wellenmoments ein. Wird die Kurbelwelle eines Verbrennungsmotors als Starrkörper betrachtet, so liefert der Drehimpulssatz die Bewegungsgleichung (2.1), die ebenso für elektromotorische Stelleinrichtungen gilt. Die Winkelgeschwindigkeit der Kurbelwelle wird vom Motorsteuergerät und aus Sicherheitsgründen oftmals redundant vom Prozessleitsystem erfasst. Eine aus einem Motorsteuergerät und einem Verbrennungsmotor bestehende verbrennungsmotorische Stelleinrichtung sowie ihre zusätzlichen potentiellen Messgrößen sind in Abbildung 2.3 in Form eines Signalflussplans dargestellt.

Es ist festzustellen, dass diese Struktur grundsätzlich mit der einer elektromotorischen Stelleinrichtung aus Abbildung 2.2 vergleichbar ist. Der vor dem Hintergrund der Regelung von Antriebsstrangprüfständen wesentliche

Unterschied besteht in den verschiedenen Eingangsgrößen. Einer elektromotorischen Stelleinrichtung wird der Sollwert des Luftspaltmoments vorgegeben, den sie eigenständig umsetzt, sodass keine weiteren Maßnahmen zur Regelung des Luftspaltmoments notwendig sind. Eine verbrennungsmotorische Stelleinrichtung hingegen erhält einen Fahrpedalwert, den sie in ein effektives Motormoment umsetzt. Dementsprechend ist eine überlagerte Regelung erforderlich, um ein bestimmtes effektives Motormoment zu erreichen. Es sei darauf hingewiesen, dass ein Motorsteuergerät in der Regel über einen eigenen unterlagerten Drehmomentregelkreis verfügt. Da bei Antriebsstrangprüfständen jedoch nicht in allen Fällen auf diese Regelung zurückgegriffen werden kann, ist eine prüfstandseitige überlagerte Regelung des effektiven Motormoments im Sinne der universellen Einsetzbarkeit wünschenswert.

Abbildung 2.3: Signalflussplan: Verbrennungsmotorische Stelleinrichtung

3 Stand der Technik

In diesem Kapitel werden aus der Literatur bekannte Ansätze zur Regelung von Antriebsstrangprüfständen systematisch und strukturiert zusammengefasst. Hiermit wird Interessierten erstmalig eine umfangreiche Zusammenfassung zur Verfügung gestellt, die den Zugang zur Regelung von Antriebsstrangprüfständen erleichtern soll. Außerdem versteht sie sich als Grundlage und Ausgangspunkt für über den Stand der Technik hinausgehende regelungstechnische Ansätze.

Die in den Kapiteln 2.1 und 2.2 erläuterten elektro- und verbrennungsmotorischen Stelleinrichtungen bilden die Grundlage für überlagerte Regelungen und damit für alle Betriebsarten eines Antriebsstrangprüfstandes. Ihre Messgrößen Winkelgeschwindigkeit und Wellenmoment werden als Regelgrößen für überlagerte Drehzahl- oder Wellenmomentregelungen verwendet, die in Kapitel 3.1 ausführlicher erläutert werden. Dabei wird ein Drehzahlregler mit $\dot{\varphi}R$ und ein Wellenmomentregler mit $M_W R$ bezeichnet. Diese beiden Betriebsarten zeichnen sich durch große Freiheitsgrade in der Versuchsdurchführung aus, sodass Szenarien darstellbar sind, die im Fahrversuch überhaupt nicht oder nur mit unverhältnismäßigem Aufwand realisiert werden können.

Die Stelleinrichtungen und optional die Drehzahl- sowie die Wellenmomentregelungen bilden die Grundlage für weitere Betriebsarten, die auf die Verbesserung der Realitätsnähe abzielen. Hierzu werden nicht real vorhandene Systemteile mit Hilfe sogenannter Hardware-in-the-loop-Simulationen nachgebildet. Hardware-in-the-loop oder kurz HiL ist als „*Integration von realen Komponenten und Systemmodellen in eine gemeinsame Simulationsumgebung*" definiert [32]. Zu den HiL-Simulationen zählen Straßenlastsimulationen sowie die Simulation eines Verbrennungsmotors mit einer Vordermaschine. Erstere sind Gegenstand von Kapitel 3.3, während Letztere in Kapitel 3.2 erläutert werden. Der Begriff Straßenlastsimulation wird in dieser Arbeit, wie in der Literatur üblich, mit dem Akronym RLS seiner englischen Übersetzung Road-Load-Simulation abgekürzt. Ebenso bezeichnet αS die Simulation eines Verbrennungsmotors mit einer Vordermaschine.

Als weitere Betriebsart aus der Gruppe der HiL-Simulationen ist die Fahrersimulation oder kurz FS zu nennen. Sie basiert üblicherweise auf einer

Straßenlastsimulation und der Simulation eines Verbrennungsmotors mit einer Vordermaschine oder einer verbrennungsmotorischen Stelleinrichtung. Dementsprechend greift eine Fahrersimulation gegenüber den anderen HiL-Simulationen zugleich auf die ein- und abtriebseitigen Stelleinrichtungen zurück. Weiterführende Erläuterungen zu Fahrersimulationen sind in Kapitel 3.4 zu finden.

Die beschriebene Kaskadierung der verschiedenen Betriebsarten ist in Abbildung 3.1 anhand eines Blockschaltbildes veranschaulicht, wobei nach Ein- und Abtriebseite unterschieden wird. Es sei darauf hingewiesen, dass jeder dargestellte Block auch direkt auf alle ihm hierarchisch untergeordneten Blöcke zugreifen kann.

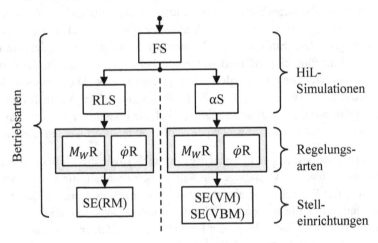

Abbildung 3.1: Blockschaltbild: Kaskadierung der Betriebsarten

Die ein- und abtriebseitigen Stelleinrichtungen und damit die zugehörigen Regelkreise sind über den Prüfling elastisch, schwach gedämpft [25] und zeitlich veränderlich miteinander gekoppelt. Dementsprechend sollte die Regelung eines Antriebsstrangprüfstandes als Mehrgrößenregelung [33] betrachtet werden. Um den sich hieraus ergebenden besonderen regelungstechnischen Herausforderungen Rechnung zu tragen, werden in der Literatur verschiedene Ansätze vorgeschlagen, die im folgenden Absatz kurz vorgestellt werden.

Die Regelung von Mehrgrößensystemen erfordert eine ganzheitliche Herangehensweise [25], sodass es sinnvoll ist, jeweils die Kombination aus einer ein- und abtriebseitigen Betriebsart zu betrachten. Eine derartige Kombination wird im Rahmen dieser Arbeit als Betriebsstrategie bezeichnet, worauf in Kapitel 3.5 näher eingegangen wird. Um während des Betriebs prüflingsschonend zwischen verschiedenen Betriebsstrategien wechseln zu können, sind besondere Maßnahmen erforderlich, wie sie in Kapitel 3.12 erläutert werden. Um ungewollten Schwingungen entgegen zu wirken, die bis zu Instabilitäten führen können, werden in der Literatur aktive Dämpfungen vorgeschlagen, die in Kapitel 3.6 vorgestellt werden. Durch ihre stabilisierende Wirkung ist es möglich, die übrigen Regler dynamischer abzustimmen, sodass eine stabilere und zugleich dynamischere Regelung erreicht werden kann. Zur Kompensation des unerwünschten Einflusses von Querkopplungen zwischen den Regelkreisen werden in der Literatur Entkopplungen vorgeschlagen, wie sie in Kapitel 3.7 beschrieben wird. Außerdem werden Störgrößenaufschaltungen bzw. Vorsteuerungen eingesetzt, die die Dynamik der Regelung in Hinblick auf das Stör- bzw. Führungsverhalten verbessern. Einige aus der Literatur bekannte Ansätze werden in Kapitel 3.8 bzw. 3.9 erläutert. Es sei an dieser Stelle darauf hingewiesen, dass die Fachtermini Entkopplung, Störgrößenaufschaltung und Vorsteuerung in der Literatur bisweilen mit sich überschneidenden Bedeutungen verwendet werden. Vor diesem Hintergrund werden in den entsprechenden Kapiteln scharf gegeneinander abgegrenzte Definitionen dieser Begriffe vorgenommen. Ein Ansatz, der Querkopplungen zwischen den Regelkreisen nicht zu kompensieren, sondern zu vermeiden sucht, ist Gegenstand von Kapitel 3.10. Außerdem können viele moderne Prüflinge ihre Lastverteilung selbstständig ändern, sodass sich Differenzregelungen in Drehzahl und Wellenmoment, wie sie in Kapitel 3.11 beschrieben werden, als hilfreich erweisen.

Auf Grundlage dieser Zusammenfassung werden abschließend in Kapitel 3.13 die neuen Ansätze, die den Kern dieser Arbeit bilden, gegenüber dem Stand der Technik eingeordnet und abgegrenzt.

3.1 Drehzahl- und Wellenmomentregelung

In diesem Kapitel werden Drehzahl- und Wellenmomentregelungen erläutert, wie sie an Antriebsstrangprüfständen zur Regelung der ein- und abtriebseitigen Stelleinrichtungen zum Einsatz kommen. Zur Veranschaulichung ihres grundsätzlichen Aufbaus ist der Signalflussplan einer Drehzahl- bzw. einer Wellenmomentregelung in Abbildung 3.2 dargestellt.

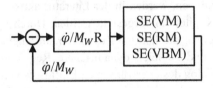

Abbildung 3.2: Signalflussplan: Drehzahl- bzw. Wellenmomentreglung

Sowohl eine Drehzahl- als auch eine Wellenmomentregelung basiert im Kontext von Antriebsstrangprüfständen in aller Regel auf PI- oder PID-Regelgesetzen [9, 10, 25, 29, 34, 35, 36], was insbesondere auf ihre einfache Handhabung, gutes Störverhalten und hohe Robustheit zurückzuführen ist. Eine gute Störkompensation ist gewünscht, da sich die Regelkreise eines Antriebsstrangprüfstandes aufgrund ihrer mechanischen Kopplung durch den Prüfling gegenseitig erheblich stören können. Eine hohe Robustheit gegenüber Modellunsicherheiten ist erforderlich, weil der Prüfling, wie zu Beginn von Kapitel 3 beschrieben, ein zeitvariantes System darstellt. So ändern sich seine Eigenschaften beispielsweise mit einem Prüflingswechsel oder dynamisch während eines Schaltvorgangs. Zur Verbesserung der Regelgüte können gangspezifische Reglerparameter eingesetzt werden [37], wobei der damit einhergehende Applikationsaufwand als nachteilig anzusehen ist.

Eine verbrennungsmotorische Stelleinrichtung setzt den Fahrpedalwert, wie in Kapitel 2.2 beschrieben, in ein effektives Motormoment um. Das entsprechende Übertragungsverhalten ist nicht linear und von der Winkelgeschwindigkeit der Kurbelwelle abhängig. Um diesem aus der Perspektive der Regelung ungünstigen Stellverhalten zu begegnen, wird die Linearisierung oder kurz LIN der verbrennungsmotorischen Stelleinrichtung vorgeschlagen [9, 19, 35]. Sie erhält die Winkelgeschwindigkeit des Verbrennungsmotors und das vom Regler angeforderte effektive Motormoment. Hieraus errechnet die Linearisierung mithilfe eines inversen Motorkennfeldes und unter Vernachlässigung dynamischer Effekte einen Fahrpedalwert, den sie, wie in Abbildung 3.3 dargestellt, der verbrennungsmotorischen Stelleinrichtung aufschaltet.

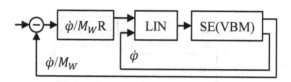

Abbildung 3.3: Signalflussplan: Linearisierung eines Verbrennungsmotors

Durch dieses Vorgehen können die Überlegungen zur Drehzahl- und Wellenmomentregelung elektromotorischer Stelleinrichtungen weitestgehend auf verbrennungsmotorische Stelleinrichtungen übertragen werden. Sollte diese Linearisierung beispielsweise in Ermangelung eines inversen Motorkennfeldes nicht realisierbar sein, kann ersatzweise ein adaptiver Regler eingesetzt werden [19].

3.2 Verbrennungsmotor-Simulation

Auf der einen Seite weisen Vordermaschinen, wie in Kapitel 2.2 erläutert, im Kontext von Antriebsstrangprüfständen einige Vorteile gegenüber Verbrennungsmotoren auf. Auf der anderen Seite stellt die realitätsnahe Nachbildung der Wirkung eines Verbrennungsmotors auf den Prüfling mit einer Vordermaschine eine bis heute nicht vollständig gelöste Herausforderung dar. Sie ist zum Einen in der unterschiedlichen Dynamik beim Auf- und Abbau des Drehmoments begründet. Zum Anderen ist sie darauf zurückzuführen, dass eine Vordermaschine rotorseitig in aller Regel schwerer als ein Verbrennungsmotor vergleichbarer Leistung ist [22], wovon bei den folgenden Überlegungen ausgegangen wird.

Die Nachbildung der Wirkung eines Verbrennungsmotors auf den Prüfling mit einer Vordermaschine erfolgt mithilfe einer Verbrennungsmotor-Simulation. Sie erhält den Fahrpedalwert, die Winkelgeschwindigkeit der Vordermaschine und weitere vorerst nicht genau festgelegte Eingangsgrößen. Hieraus berechnet sie in geeigneter Weise einen Sollwert für das Luftspaltmoment der eintriebsseitigen elektromotorischen Stelleinrichtung. Zur Veranschaulichung dieses Vorgehens ist ein Signalflussplan in Abbildung 3.4 dargestellt.

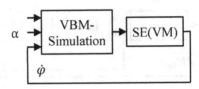

Abbildung 3.4: Signalflussplan: Nachbildung eines Verbrennungsmotors

Eine sehr einfache Verbrennungsmotor-Simulation beschränkt sich auf die Nachbildung des stationären Verhaltens mittels eines Motorkennfeldes [4, 7, 9]. Es beschreibt das effektive Motormoment in Abhängigkeit der Winkelgeschwindigkeit der Kurbelwelle und des Fahrpedalwertes. Einige weiterführende Ansätze berücksichtigen darüber hinaus das dynamische Verhalten eines Verbrennungsmotors beim Auf- und Abbau des effektiven Motormoments. Der Detaillierungsgrad der in der Literatur vorgeschlagenen Modelle reicht dabei von einfachen Gradientenbegrenzungen des Fahrpedalwertes [4] bis hin zu thermodynamischen Echtzeitmodellen [30]. In vielen Fällen sind einfache mathematische Modelle zur Nachbildung der Dynamik eines Verbrennungsmotors zweckmäßig, da sie einen guten Ausgleich hinsichtlich des Aufwands bei ihrer Erstellung sowie Parametrierung und Genauigkeit bieten. Darüber hinaus ist es häufig erforderlich, einige Funktionen des Motorsteuergerätes nachzubilden. Hierbei reicht das Spektrum von grundlegenden internen Funktionen wie Leerlaufregelung oder Drehzahlbegrenzung bis hin zu hochdynamischen vernetzten Funktionen wie Drehmomenteingriffe durch ein Getriebe [5, 30].

Selbst unter der Voraussetzung, dass das Luftspaltmoment der Vordermaschine exakt mit dem effektiven Motormoment des zu simulierenden Verbrennungsmotors übereinstimmt, kommt es im dynamischen Fall zu Nachbildungsfehlern, da die Drehträgheit des Rotors der Vordermaschine größer als die des Kurbeltriebs ist. Um diesem Effekt entgegenzuwirken, werden mechanische und simulative Maßnahmen ergriffen [22]. Auf der mechanischen Seite haben sich schlanke Bauformen bei Vordermaschinen zur Reduktion der Drehträgheit ihrer Rotoren durchgesetzt, während Summier- und Anpassgetriebe nur noch in Einzelfällen Anwendung finden. Stattdessen werden heutzutage verstärkt simulative Maßnahmen zur Drehträgheitskompensation eingesetzt [4, 5, 7]. Eine Möglichkeit besteht darin, die gemessene Winkelgeschwindigkeit der Vordermaschine abzuleiten und sie mit der zu kompensierenden Differenzdrehträgheit zu multiplizieren, um das Ergebnis dem Sollwert des Luftspaltmoments der Vordermaschine aufzuschalten [22]. Die mitkoppelnde Arbeitsweise dieses Verfahrens wirkt sich entdämpfend und destabilisierend auf die Regelung aus, sodass die mit diesem Verfahren kompensierbare Drehträgheit begrenzt ist.

Die Nachbildung der hochdynamischen Drehungleichförmigkeit eines Verbrennungsmotors mit einer Vordermaschine stellt eine besondere Herausforderung dar. Die Drehungleichförmigkeit resultiert aus den Gasmomenten, die auf den diskontinuierlichen Verbrennungsprozess zurückzuführen sind, und den Massenmomenten, die sich aus den kinematischen Bedingungen eines Hubkolbenmotors ergeben. Üblicherweise werden die normierten Verläufe der Gas- und Massenmomente über zwei Kurbelwellenumdrehungen in Form eines Kennfeldes in der Verbrennungsmotor-Simulation hinterlegt, um anschließend last- und winkelgeschwindigkeitsabhängig skaliert zu werden [18, 30]. Bei der Skalierung wird neben den Gas- und Massenmomenten des nachzubildenden Verbrennungsmotors die Kompensation der Drehträgheitsdifferenz berücksichtigt, wodurch sich die erforderlichen Luftspaltmomente erhöhen. Neben hohen Luftspaltmomenten und einer geringen Drehträgheit erfordert die Nachbildung von verbrennungsmotorischen Drehungleichförmigkeiten mit einer Vordermaschine kurze Anregelzeiten und eine hohe Steifigkeit des Rotors. Vor dem Hintergrund dieser anspruchsvollen Anforderungen gelang es 1999 erstmalig die Drehungleichförmigkeit eines Verbrennungsmotors rein elektrisch bis zu einer Kreisfrequenz von ca. 26 rad/s nachzubilden [18]. Davor besaßen lediglich hydraulische und elektrohydraulische Eintriebe die erforderliche Leistungsfähigkeit [7, 18]. An dieser Stelle sei erwähnt, dass der aktuelle Downsizing Trend zu höheren Spitzendrücken bei der Verbrennung führt [38], was die Anforderungen für die Nachbildung von verbrennungsmotorischen Drehungleichförmigkeiten mit einer Vordermaschine weiter verschärft. Dementsprechend ist festzustellen, dass es bis heute kaum möglich ist, die Drehungleichförmigkeit eines Verbrennungsmotors rein elektrisch in vollem Umfang nachzubilden.

Vor diesem Hintergrund ist es denkbar, das Zwei-Massen-Schwungrad aus dem mechanischen Aufbau zu entfernen und in die Verbrennungsmotor-Simulation zu integrieren [30]. Hierdurch wird seine Tiefpasswirkung genutzt, um die von der Vordermaschine nachzubildende Drehungleichförmigkeit zu reduzieren.

3.3   Straßenlastsimulation

In diesem Kapitel werden Straßenlastsimulationen erläutert, wie sie an Antriebsstrangprüfständen zum Einsatz kommen. Sie leisten einen wesentlichen Beitrag bei der Umsetzung des Road-to-Rig-Gedankens [4, 7, 9, 29, 39, 40], wie er in Kapitel 1 beschrieben ist. Bei Straßenlastsimulationen handelt es sich, wie zu Beginn von Kapitel 3 erläutert, um HiL-Simulationen. Dementsprechend zeichnen sie sich durch einen geschlossenen Wirkungskreis zwischen einem realen Prüfling und einem virtuellen Fahrzeug sowie einer virtuellen Umgebung aus [7,39]. Hierdurch ist es möglich, das Verhalten eines Prüflings und seine sich hieraus ergebenden Belastungen auf einem Antriebsstrangprüfstand realitätsnah nachzubilden [7, 9, 29, 39, 40]. Ein weiterer Vorteil von Straßenlastsimulationen besteht in der einfachen Umsetzbarkeit von Parametervariationen am virtuellen Fahrzeug und der virtuellen Umgebung [7, 9].

Diese Vorteile und ihre Bedeutung werden insbesondere vor dem Hintergrund von Nachfahrprogrammen auf Basis von Winkelgeschwindigkeits- und Wellenmomentprofilen deutlich. Hierbei besteht kein geschlossener Wirkungskreis zwischen dem Prüfling, dem Fahrzeug und seiner Umgebung, da die Winkelgeschwindigkeits- und Wellenmomentprofile vorab in Simulationen [41, 42] oder aufwendigen Versuchsfahrten [16, 40, 41, 42] ermittelt werden. Dementsprechend erfordert eine fahrzeug- oder umgebungseitige Parametervariation erneuten Aufwand für Simulationen oder gar Versuchsfahrten. Außerdem treten bei diesem Vorgehen prinzipbedingt von der Realität abweichende Belastungen, wie Überdrehmomente und Verspannungen, auf [41], die auf die nicht idealen Drehzahl- bzw. Wellenmomentregelungen zurückzuführen sind.

Straßenlastsimulationen haben sich in den letzten Jahrzehnten erheblich weiterentwickelt, sodass sich mittlerweile selbst hochdynamische Vorgänge und solche im Grenzbereich der Reifenhaftung realitätsnah an Antriebsstrang-prüfständen nachbilden lassen. Diese Weiterentwicklungen sind im Wesentlichen von technologischen Fortschritten getrieben, die den Fachgebieten Regelungstechnik, Leistungselektronik, Elektromotoren, Simulationstechnik und Echtzeitsystemen zuzuordnen sind [7].

In den folgenden Unterkapiteln werden in chronologischer Reihenfolge einige aus der Literatur bekannte Straßenlastsimulationen erläutert und miteinander verglichen.

3.3.1 Klassische Straßenlastsimulation

Die ersten Straßenlastsimulationen werden in Anlehnung an [41] unter dem Begriff Klassische Straßenlastsimulationen zusammengefasst und zeichnen sich durch den Verzicht auf die Modellierung eines Reifens aus. In den Kapiteln 3.3.1.1, 3.3.1.2 und 3.3.1.3 werden ihre frühe, späte und hybride Form erläutert, die sich im Wesentlichen durch die Art der Nachbildung des Beschleunigungswiderstandes unterscheiden.

3.3.1.1   *Frühe Form der Klassischen Straßenlastsimulation*

In diesem Kapitel wird auf die frühe Form der Klassischen Straßenlastsimulation eingegangen, die den Beschleunigungswiderstand rein mechanisch mittels Schwungmassen an den Radmaschinen nachbildet. Lediglich die restlichen Fahrwiderstände werden elektrisch mit den Radmaschinen simuliert. Das in der Veröffentlichung [21] beschriebene Verfahren besteht lediglich aus einem Fahrzeugmodell.

Dieses Fahrzeugmodell basiert auf der Fahrwiderstandsgleichung, die den gesamten Fahrwiderstand F_W als die Summe des Beschleunigungswiderstandes F_a, des Rollwiderstandes F_R, des Luftwiderstandes F_L und des Steigungswiderstandes F_{St} beschreibt [12].

$$F_{FW} = F_a + F_R + F_L + F_{St} \qquad \text{Gl. 3.1}$$

Die Summe aus Roll- und Luftwiderstand wird in vielen Fällen mit einem Polynom zweiter Ordnung aus der Geschwindigkeit des virtuellen Fahrzeugs v berechnet, wobei die Koeffizienten mit a_0, a_1 und a_2 bezeichnet werden.

Der Steigungswiderstand wird aus dem Produkt der Fahrzeugmasse m, der
Erdbeschleunigung g und dem Sinus des Steigungswinkels γ bestimmt [12],
sodass sich der gesamte Fahrwiderstand zu

$$F_{FW} = F_a + a_0 + a_1 v + a_2 v^2 + mg \sin(\gamma) \qquad \text{Gl. 3.2}$$

ergibt. Aus der Summe des Roll-, Luft- und Steigungswiderstandes werden
die Sollwerte der Luftspaltmomente berechnet, die mithilfe der radseitigen
elektromotorischen Stelleinrichtungen aufgebracht werden.

Zur Veranschaulichung ist der Signalflussplan dieser Straßenlastsimulation
in Abbildung 3.5 dargestellt.

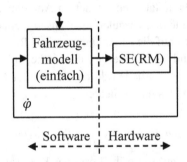

Abbildung 3.5: Signalflussplan: Frühe Form der Klassischen Straßenlastsimulation

Diese Straßenlastsimulation stellt besonders geringe Anforderungen an die
radseitigen elektromotorischen Stelleinrichtungen. Zum Einen wird kein besonders dynamischer Drehmomentaufbau benötigt, da der aktiv von den
Radmaschinen aufzubringende Anteil des Fahrwiderstandes quasistationär ist
[23]. Zum Anderen sind vergleichsweise große Drehträgheiten der Maschinenrotoren zulässig, da ohnehin die gesamte Fahrzeugmasse mechanisch
nachgebildet wird. Außerdem kann auf eine aufwendige messtechnische Bestimmung der Wellenmomente verzichtet werden.

Die mechanische Nachbildung der Fahrzeugmasse erfordert ein flexibles und
modulares Schwungmassensystem, das teuer in der Anschaffung ist und
beim Umbau zu erheblichem Aufwand führt. Trotz aller Flexibilität können
mit Schwungmassen nur diskrete Fahrzeugmassen nachgebildet werden. Die

Verteilung der Schwungmassen auf die Radmaschinen entspricht der Drehmomentverteilung des Antriebsstrangs, sodass es mit dieser Straßenlastsimulation nicht sinnvoll ist, Antriebsstränge mit variabler Drehmomentverteilung
zu betreiben. Ebenfalls als nachteilig zu bewerten ist die geringe Realitätsnähe dieser Straßenlastsimulation, die im Wesentlichen aus der Vernachlässigung des Reifeneinflusses resultiert. Sie äußert sich insbesondere in zu großen Belastungen und zu starken Schwingungen des Prüflings während dynamischer Vorgänge. Weitere Ungenauigkeiten entstehen durch den Verzicht
auf unterlagerte Drehzahl- oder Wellenmomentregelungen.

3.3.1.2 Späte Form der Klassischen Straßenlastsimulation

In diesem Kapitel wird auf die späte Form der Klassischen Straßenlastsimu-
lation eingegangen, die den gesamten Fahrwiderstand elektrisch mit den
Radmaschinen nachbildet [16, 17, 21, 22, 40, 41]. Damit unterscheidet sie
sich gegenüber der in Kapitel 3.3.1.1 beschriebenen frühen Form durch die
Art der Nachbildung des Beschleunigungswiderstandes. Die späte Form der
Klassischen Straßenlastsimulation lässt sich in die beiden Hauptbestandteile
Fahrzeugmodell und je nach Variante Drehzahl- oder Wellenmomentrege-
lung einteilen.

Die erste Variante wird in [16] und [42] beschrieben und ist durch eine unterlagerte Wellenmomentregelung gekennzeichnet. Ihr Fahrzeugmodell basiert
auf der Fahrwiderstandsgleichung (3.2), wobei der Beschleunigungswiderstand durch das Produkt der Fahrzeugmasse m und der Beschleunigung des
Fahrzeugs $\dot{v}$ ersetzt wird, sodass sich

$$F_{FW} = m\dot{v} + a_0 + a_1 v + a_2 v^2 + mg\sin(\gamma) \qquad \text{Gl. 3.3}$$

ergibt. Es sei darauf hingewiesen, dass ein kleiner Teil des Beschleunigungswiderstandes mechanisch durch die Drehträgheit der Radmaschinenrotoren aufgebracht wird, sodass es sich empfiehlt, die Fahrzeugmasse in der
Fahrwiderstandsgleichung (3.3) um diesen Anteil zu korrigieren. Die Fahrzeuggeschwindigkeit und seine Beschleunigung werden unter Vernachlässigung des Reifeneinflusses aus den Winkelgeschwindigkeiten und -beschleu-
nigungen der Radmaschinen ermittelt, um den gesamten Fahrwiderstand gemäß Gleichung (3.3) berechnen zu können. Die Führungsgrößen der Wellenmomentregelungen werden wiederum unter Vernachlässigung des Ein-

flusses der Reifen aus dem gesamten Fahrwiderstand berechnet. Für weitere Ausführungen zu Wellenmomentregelungen sei auf Kapitel 3.1 verwiesen. Zur Veranschaulichung dieser Variante der späten Form der Klassischen Straßenlastsimulation ist ihr Signalflussplan in Abbildung 3.6 dargestellt.

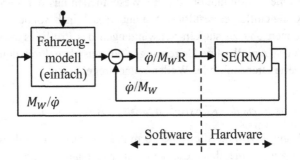

Abbildung 3.6: Signalflussplan: Späte Form der Klassischen Straßenlast-simulation

Die zweite Variante wird in [41] vorgestellt und zeichnet sich durch eine unterlagerte Drehzahlregelung aus. Ihr Fahrzeugmodell basiert ebenfalls auf der Fahrwiderstandsgleichung (3.3), wobei sie nach der Fahrzeugbeschleunigung aufgelöst und anschließend integriert wird, sodass sich für die Fahrzeuggeschwindigkeit

$$v = \frac{1}{m} \int (F_{FW} - a_0 - a_1 v - a_2 v^2 - mg \sin(\gamma)) \, dt \qquad \text{Gl. 3.4}$$

ergibt. Dabei entspricht der Integrand dem Beschleunigungswiderstand, der aus der Differenz des gesamten Fahrwiderstandes und des Roll-, Luft- sowie Steigungswiderstandes berechnet wird. Der gesamte Fahrwiderstand wird unter Vernachlässigung des Einflusses von Reifen und Rädern aus den gemessenen Wellenmomenten bestimmt. Die Abhängigkeit des Roll- und Luftwiderstandes von der Fahrzeuggeschwindigkeit ist quasistationär [23], sodass zu ihrer Berechnung die Fahrzeuggeschwindigkeit aus dem vorangegangenen Iterationsschritt verwendet werden kann. Die Winkelgeschwindigkeiten der Räder und dementsprechend die Führungsgrößen der unterlagerten Drehzahlregelungen werden unter Vernachlässigung des Reifenschlupfs aus der Fahrzeuggeschwindigkeit berechnet. Für tiefergehende Erläuterungen zu den unterlagerten Drehzahlregelungen wird auf Kapitel 3.1 verwiesen. Außerdem ist diese Variante der späten Form der Klassischen Straßenlastsimulation in Abbildung 3.6 illustriert.

Beide Varianten der späten Form der Klassischen Straßenlastsimulation kommen ohne den Einsatz von Schwungmassen aus, sodass die in Kapitel 3.3.1.1 beschrieben Nachteile vermieden werden. Außerdem ermöglichen sie grundsätzlich den Betrieb von Prüflingen mit variablen Drehmomentverteilungen [21], wobei die aktuelle Drehmomentverteilung vorgegeben werden muss.

Diese Verteilung ist insbesondere bei hochdynamischen Vorgängen oftmals nicht bekannt. Wie auch bei der frühen Form der Klassischen Straßenlastsimulationen wird auf die Nachbildung des Reifeneinflusses verzichtet, sodass es zu dynamischen Belastungen und Schwingungen kommt, die von der Realität abweichen. Darüber hinaus ist eine aufwendige Bestimmung der Wellenmomente erforderlich. Die erste Variante der späten Form der Klassischen Straßenlastsimulation weist einen weiteren Nachteil auf, der in der destabilisierenden Wirkung der Rückführung der abgeleiteten gemessenen Winkelgeschwindigkeiten der Radmaschinen besteht. Diese destabilisierende Wirkung resultiert aus der Verstärkung des Messrauschens durch das Ableiten.

3.3.1.3   Hybride Form der Klassischen Straßenlastsimulation

In diesem Kapitel wird auf die hybride Form der Klassischen Straßenlastsimulation eingegangen, die den Beschleunigungswiderstand teilweise mechanisch mit Schwungmassen und teilweise elektrisch mit den Radmaschinen nachbildet [3, 4, 5], was einer Kombination aus der frühen und der späten Form der Klassischen Straßenlastsimulation entspricht.

Aufgrund der Vernachlässigung des Reifen- und Radeinflusses bilden sowohl die frühe als auch die späte Form der Klassischen Straßenlastsimulation die dynamischen Belastungen und Schwingungen des Prüflings nicht realitätsnah nach, wie es in den Kapiteln 3.3.1.1 und 3.3.1.2 beschrieben ist. Auch die hybride Form der Klassischen Straßenlastsimulation verzichtet auf die Modellierung eines Reifens. Stattdessen wird versucht das die Belastungen und Schwingungen des Prüflings an die Realität anzupassen, indem die Gewichtung der mechanischen und elektrischen Nachbildung des Beschleunigungswiderstandes variiert wird.

Es ist nachgewiesen, dass sich mit der hybriden Form der Klassischen Straßenlastsimulation Belastungen erzeugen lassen, die der Realität in Bezug auf Verschleiß und Schaden entsprechen [4]. Außerdem weist der Fehler in der Fahrzeugbeschleunigung bei guter Abstimmung kaum Kreisfrequenzanteile unter 1 rad/s auf [5].

Auf der anderen Seite erfordert diese Straßenlastsimulation eine aufwendige Bestimmung der Wellenmomente und den Einsatz von Schwungmassen, was mit den in Kapitel 3.3.1.1 beschriebenen Nachteilen einhergeht.

3.3.2   Straßenlastsimulation gemäß der Patente der Asea Brown Boveri AG

In den beiden Patentschriften [23] und [43] der Asea Brown Boveri AG und der Veröffentlichung [7] wird eine Straßenlastsimulation beschrieben, die erstmals den elastischen und dämpfenden Einfluss der Reifen nachbildet. Hierdurch unterscheidet sie sich maßgeblich von den Klassischen Straßenlastsimulationen, die, wie in den Kapiteln 3.3.1.1 bis 3.3.1.3 beschrieben, von einer starren Kopplung des Antriebsstrangs an den Fahrzeugaufbau ausgehen.

Bei dem in [23] beschriebenen Verfahren wird die Drehträgheit der Radmaschinen virtuell zu einem Mehr-Massen-Schwinger ergänzt, wobei die Summe der virtuellen Drehträgheiten der Fahrzeugmasse entspricht. Der Roll-, Luft- und Steigungswiderstand greifen an der letzten virtuellen Drehträgheit an. Die Freiheitsgrade bei der Parametrierung des Mehr-Massen-Schwingers werden dazu genutzt, das dynamische Verhalten des Prüflings auf dem Antriebsstrangprüfstand an das im Fahrzeug anzupassen. Im Folgenden wird von einem als Zwei-Massen-Schwinger ausgeführten Mehr-Massen-Schwinger ausgegangen, da sich dieser Sonderfall besonders anschaulich als die Kombination aus einem Fahrzeugmodell und radselektiven Reifenmodellen interpretieren lässt.

Das Fahrzeugmodell besteht in einer Fahrzeugmasse, an der der Roll-, Luft- und Steigungswiderstand angreifen, was der Fahrwiderstandsgleichung (3.4) entspricht. Die Bestimmung der Radgeschwindigkeiten erfolgt analog zur zweiten Variante der späten Form der Klassischen Straßenlastsimulation, wie sie in Kapitel 3.3.1.2 beschrieben ist. Der wesentliche Unterschied besteht in der Berechnung des gesamten Fahrwiderstands aus den Sollwerten der Luft-spaltmomente der radseitigen elektromotorischen Stelleinrichtungen und nicht aus den gemessenen Wellenmomenten.

Die Reifenmodelle bestehen jeweils in einem Feder-Dämpfer-Element, das die elastischen und dämpfenden Eigenschaften eines Reifens nachbildet, während seine schlupfabhängige Reibung vernachlässigt wird. Als Ein-gangsgrößen erhält es die Radgeschwindigkeiten vom Fahrzeugmodell und die gemessenen Winkelgeschwindigkeiten der Radmaschinen, sodass die von den Reifen übertragenen Umfangskräfte berechnet werden können. Sie wer-den in Drehmomente umgerechnet und den radseitigen elektromotorischen Stelleinrichtungen als Sollwerte der Luftspaltmomente vorgegeben.

Die Drehträgheiten der Räder werden mechanisch mit den Drehträgheiten der Radmaschinenrotoren und optionalen Schwungmassen simuliert.

Zur Veranschaulichung ist der Signalflussplan dieser Straßenlastsimulation in Abbildung 3.7 dargestellt.

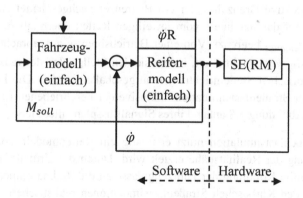

Abbildung 3.7: Signalflussplan: Einfache Straßenlastsimulation gemäß der Patente der Asea Brown Boveri AG

Es ist festzustellen, dass die sich aus diesem physikalischen Modell ergeben-de Struktur als radselektive Drehzahlregelung interpretieren lässt, die als PI-Regler ausgeführt ist. Dabei sind die Radgeschwindigkeiten des Fahrzeug-modells die Führungsgrößen und die Winkelgeschwindigkeiten der Radma-schinen die Regelgrößen. Es sei darauf hingewiesen, dass sich der P- bzw. der I-Anteil dieser Drehzahlregler aus der Dämpfer- bzw. Federkonstanten des jeweiligen Reifens ergibt und nicht nach den in der Regelungstechnik üblichen Kriterien hinsichtlich Dynamik, Stabilität, Robustheit, etc. abgestimmt werden. Die Drehzahlregelungen zeichnen sich folglich nicht durch besondere Schnelligkeit oder schwache Eigenschwingungen aus, sondern bilden das dynamische Verhalten des Prüflings im Fahrzeug nach.

Von diesem Verfahren ausgehend werden in [43] und [7] einige Erweiterungen vorgeschlagen, die die Simulation von radselektivem kinematischem Reifenschlupf, Kurvenfahrten, achsspezifischen Radradien und durchdrehenden oder blockierenden Rädern ermöglichen.

Zur Nachbildung von Kurvenfahrten und achsspezifischen Radradien werden die Radgeschwindigkeiten des Fahrzeugmodells radselektiv mit Korrekturfaktoren multipliziert, die vom Bedienpersonal vorgegeben werden. Der kinematische Schlupf der Reifen wird ebenfalls bei der Berechnung der Radgeschwindigkeiten berücksichtigt. Hierdurch ist es möglich, eine vom Bedienerpersonal vorgegebenen Drehmomentverteilung zu erreichen. Durchdrehende oder blockierende Räder werden simuliert, indem jedem Reifenmodell respektive Drehzahlregler ein Begrenzer nachgeschaltet ist, der die Stellgröße auf das maximale vom jeweiligen Reifen übertragbare Drehmoment $M_{Reifen,max}$ begrenzt. Von einer Betriebsbremse aufgebrachte Bremsmomente M_B werden simuliert, indem sie den Stellgrößen der radselektiven elektromotorischen Stelleinrichtungen aufgeschaltet werden. Die Funktionsweise dieser Straßenlastsimulation, inklusive der beschriebenen Erweiterungen, ist in Abbildung 3.8 anhand ihres Signalflussplans illustriert.

Diese Straßenlastsimulation nutzt erstmalig ein Reifenmodell, sodass eine Verbesserung der Realitätsnähe erzielt wird. Durch die virtuelle, elastische und gedämpfte Kopplung der Fahrzeugmasse an die Radmaschinen, werden gegenüber den Klassischen Straßenlastsimulationen realistischere Belastungen und Schwingungen des Prüflings erreicht. Außerdem können unzulässige Verspannungen im Antriebsstrang durch die Nachbildung des kinematischen Reifenschlupfs vermieden werden. Darüber hinaus ist es möglich, Prüflinge mit variabler Drehmomentverteilung zu betreiben und auf eine aufwendige Bestimmung der Wellenmomente zu verzichten.

Auf der anderen Seite wird diese Straßenlastsimulation nicht als vollständig geschlossener Wirkungskreis ausgeführt, sodass die Vorgabe der aktuellen Drehmomentverteilung erforderlich ist, die insbesondere in dynamischen

Fällen nicht oder nur unzureichend bekannt ist. Außerdem ist festzustellen, dass eine konstante Drehmomentsteuerung die realen Verhältnisse eines durchdrehenden Rades nicht in vollem Umfang nachbildet. Darüber hinaus erfordert diese Straßenlastsimulation den Einsatz von Schwungmassen, der mit den in Kapitel 3.3.1.1 beschriebenen Nachteilen verbunden ist.

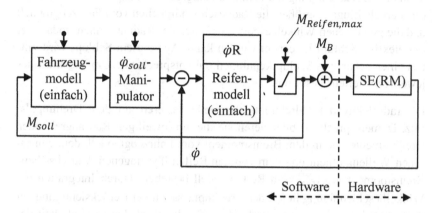

Abbildung 3.8: Signalflussplan: Erweiterte Straßenlastsimulation gemäß der Patente der Asea Brown Boveri AG

In [7] werden Ergebnisse von Prüfstandsversuchen unter Verwendung dieser Straßenlastsimulation diskutiert, sodass für tiefergehende Betrachtungen hierauf verwiesen sei.

3.3.3 Straßenlastsimulation gemäß dem Patent der Licentia Patent-Verwaltungs-GmbH

Die Straßenlastsimulation gemäß der Patentschrift [10] der Licentia Patent-Verwaltungs-GmbH hat insbesondere die Abbildung der radselektiven schlupfabhängigen Reibung der Reifen zum Ziel. Hierin besteht zugleich die wesentliche Neuerung gegenüber den bisher beschriebenen Straßenlastsimulationen. Das in [10] vorgeschlagene Verfahren lässt sich in die vier Hauptbestandteile Fahrzeugmodell, Reifenmodelle, Raddrehträgheitsmodelle und Drehzahlregelungen gliedern.

Das Fahrzeugmodell wird durch die Fahrwiderstandsgleichung (3.4) beschrieben. Als Eingangsgrößen erhält es im Wesentlichen die Umfangskräfte der Reifenmodelle. Eine vorteilhafte Erweiterung dieses Fahrzeugmodells besteht in der Berücksichtigung des Kurvenradius bei der Bestimmung der Radgeschwindigkeiten aus der Fahrzeuggeschwindigkeit.

Die radselektiven Reifenmodelle haben die Aufgabe, die Reifenumfangskräfte unter Berücksichtigung der schlupfabhängigen Reibung zu berechnen. Sie erhalten als Eingangsgrößen die Radgeschwindigkeiten vom Fahrzeugmodell und die gemessenen Winkelgeschwindigkeiten der Radmaschinen, sodass der radselektive Schlupf berechnet werden kann. Aus diesem Schlupf wird mittels einer Schar von Schlupfkennlinien die entsprechende Umfangskraft des jeweiligen Reifens bestimmt.

Die radselektiven Raddrehträgheitsmodelle basieren auf dem Drehimpulssatz. Dementsprechend bilanzieren sie die am jeweiligen Rad angreifenden Drehmomente, die in dem Bremsmoment vom Fahrzeugmodell, dem gemessenen Wellenmoment und dem von den Reifen übertragenen Antriebs- bzw. Bremsmoment M_{Reifen} vom Reifenmodell bestehen. Durch Integration der Winkelbeschleunigung liefert der Drehimpulssatz unter Berücksichtigung der Drehträgheit des jeweiligen Rades J_{Rad} für die Winkelgeschwindigkeit des jeweiligen Rads und damit für die Führungsgröße des jeweiligen Drehzahlreglers

$$\dot{\varphi}_{soll} = \int \ddot{\varphi}_{soll}\, dt = \frac{1}{J_{Rad}} \int \left(M_B + M_W + M_{Reifen}\right) dt. \qquad \text{Gl. 3.5}$$

Im Zusammenhang mit den Drehzahlregelungen werden PID-Regelgesetze vorgeschlagen, auf die in Kapitel 3.1 näher eingegangen wird. Das Funktionsprinzip dieser Straßenlastsimulation ist in Abbildung 3.9 anhand ihres Signalflussplans veranschaulicht.

Diese Straßenlastsimulation bildet erstmalig die schlupfabhängige Reibung eines Reifens nach, wodurch gegenüber den bisher erläuterten Straßenlastsimulationen eine Verbesserung der Realitätsnähe erreicht wird. Sie äußert sich insbesondere in realistischeren dynamischen Belastungen und Schwingungen des Prüflings während hochdynamischer Versuche im Grenzbereich der Reifenhaftung. Außerdem kommt sie ohne den Einsatz von Schwungmassen aus, sodass die in Kapitel 3.3.1.1 beschriebenen Nachteile vermieden werden. Prüflinge mit variablen Drehmomentverteilungen können betrieben werden, wobei sich die Verteilung selbstständig einstellt und gegenüber den in den Kapiteln 3.3.1 und 3.3.2 beschriebenen Straßenlastsimulationen nicht bekannt sein muss.

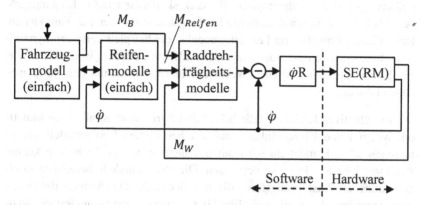

Abbildung 3.9: Signalflussplan: Straßenlastsimulation gemäß dem Patent der Licentia Patent Verwaltungs GmbH

Demgegenüber steht der Aufwand bei der Parametrierung der Reifenmodelle und messtechnischen Bestimmung der Wellenmomente.

3.3.4 Straßenlastsimulation gemäß dem Patent der Dr. Ing. h.c. F. Porsche AG und der AVL Deutschland GmbH

Die in der Patentschrift [40] der Dr. Ing. h.c. F. Porsche AG und der AVL Deutschland GmbH sowie in der Veröffentlichung [21] beschriebene Straßenlastsimulation zielt wie das in Kapitel 3.3.3 erläuterte Verfahren hauptsächlich auf die Nachbildung der schlupfabhängigen Reifenreibung ab. Die wesentlichen Unterschiede gegenüber diesem Verfahren bestehen in der mechanischen Nachbildung der Raddrehträgheiten und dem Verzicht auf eine unterlagerte Drehzahlreglung. In der Patentschrift [44] wird eine Erweiterung dieses Verfahrens vorgeschlagen, die den Einfluss von Fahrerassistenzsystemen, die Zugriff auf das Bremssystem haben, auf den Antriebsstrang besonders realitätsnah nachgebildet. Dieses Verfahren lässt sich in die zwei Hauptbestandteile Fahrzeugmodell und radselektive Reifenmodelle sowie den optionalen dritten Teil zur Simulation des Einflusses eines Fahrerassistenz- sowie des Bremssystems gliedern.

Das Fahrzeugmodell liefert in einer einfachen Ausführungsform die Radaufstandskräfte und -geschwindigkeiten für die Reifenmodelle, wobei der Detaillierungsgrad des Fahrzeugmodells stark skalierbar ist. Als Eingangsgrößen erhält es hierzu mindestens die Umfangskräfte von den Reifenmodellen. Beim Einsatz komplexerer Fahrzeugmodelle, die beispielsweise aerodynamische, topologische oder querdynamische Effekte abbilden, werden zusätzliche Eingangsgrößen und ein erweiterter Datenaustausch mit den Reifenmodellen benötigt.

Die radselektiven Reifenmodelle bilden den Kern dieser Straßenlastsimulation, wobei keine Einschränkung auf ein bestimmtes Reifenmodell vorgenommen wird. Stattdessen wird auf aus dem Stand der Technik bekannte Reifenmodelle wie Pacejika verwiesen. Die Reifenmodelle berechnen in einer einfachen Ausführungsform die aus der schlupfabhängigen Reifenreibung resultierenden Umfangskräfte. Hierzu erhalten sie zumindest die Radaufstandskräfte und -geschwindigkeiten vom Fahrzeugmodell sowie die gemessenen Winkelgeschwindigkeiten der Radmaschinen. Die Umfangskräfte der Reifen werden in entsprechende Antriebs- oder Bremsmomente umgerechnet, die den radseitigen elektromotorischen Stelleinrichtungen direkt als Stellgrößen vorgegeben werden.

Die Simulation der Drehträgheit der Räder erfolgt mechanisch mithilfe der Drehträgheiten der Maschinenrotoren, die gegebenenfalls mit Schwungmassen anzupassen sind.

Die optionale Erweiterung dieses Verfahrens gemäß [44] dient zur realitätsnahen Nachbildung des Einflusses von Fahrerassistenzsystemen, die Zugriff auf das Bremssystem haben. Hierzu werden das Fahrerassistenz- und Bremssystem teilweise real am Antriebsstrangprüfstand aufgebaut und teilweise virtuell simuliert, mit dem Ergebnis, dass die radselektiven Bremsmomente möglichst exakt und in Echtzeit ermittelt und an das Fahrzeugmodell übergeben werden können. Dabei kann das Verhältnis von virtueller Simulation und realem Aufbau des Fahrerassistenz- und Bremssystems stark variieren. Es ist allerdings in jedem Fall zweckmäßig, die Bremsmomente nicht physikalisch am Antriebsstrangprüfstand aufzubringen, sodass die von den Radmaschinen zu erbringende Leistung begrenzt werden kann.

Zur Veranschaulichung dieser Straßenlastsimulation, inklusive der in [44] beschriebenen Erweiterung, ist ihr Signalflussplan in Abbildung 3.10 dargestellt.

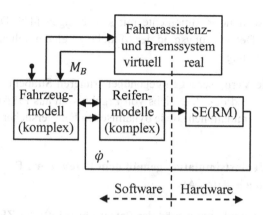

Abbildung 3.10: Signalflussplan: Straßenlastsimulation gemäß dem Patent der Dr. Ing. h.c. F. Porsche AG und AVL Deutschland GmbH

Diese Straßenlastsimulation bildet die schlupfabhängige Reifenreibung mit detaillierten Reifenmodellen nach und erlaubt einen hohen Detaillierungsgrad der Fahrzeugmodelle. Aus diesen Gründen wird selbst gegenüber der in Kapitel 3.3.3 beschriebenen Straßenlastsimulation eine Verbesserung der Realitätsnähe erzielt. So wird beispielsweise der Rollwiderstand radselektiv und nicht pauschal berücksichtigt. Außerdem kann auf eine aufwendige Bestimmung der Wellenmomente verzichtet werden und es ist möglich, Prüflinge mit variabler Drehmomentverteilung zu betreiben, wobei sich die Verteilung selbstständig einstellt.

Auf der anderen Seite stellt diese Straßenlastsimulation hohe Anforderungen an die radseitigen elektromotorischen Stelleinrichtungen, da auf eine unterlagerte Drehzahl- oder Wellenmomentregelung verzichtet wird. Dementsprechend werden Stellabweichungen in den Luftspaltmomenten nicht ausgeregelt und integrieren sich zeitlich zu einem Winkelgeschwindigkeitsfehler. Außerdem bedarf diese Straßenlastsimulation des Einsatzes von Schwungmassen, was mit den in Kapitel 3.3.1.1 beschriebenen Nachteilen einhergeht und eine geringe Drehträgheit der Maschinenrotoren als Ausgangspunkt erfordert. Nach heutigem Stand der Technik ist eine erforderliche Drehträgheit von ca. 1 kg/m² bei den gegebenen Anforderungen hinsichtlich Leistung, Drehmoment und Drehzahl nur mit permanenterregten Synchronmaschinen erreichbar, die hohe Anschaffungskosten, ungünstiges Fehlerverhalten und vergleichsweise hohe Rastmomente mit sich bringen [41]. Darüber hinaus führt der hohe Detaillierungsgrad der Modelle zu einem hohen Aufwand bei ihrer Parametrierung.

[21] belegt die Verbesserungen gegenüber früheren Straßenlastsimulationen anschaulich anhand des Vergleichs von Ergebnissen aus Prüfstandversuchen mit denen aus Simulationen sowie dynamischen Fahrversuchen.

3.3.5   Straßenlastsimulation gemäß dem Patent der ZF Friedrichshafen AG

Die Straßenlastsimulation gemäß der Patentschrift [29] der ZF Friedrichshafen AG hat, wie die in den Kapiteln 3.3.3 und 3.3.4 beschriebenen Straßenlastsimulationen, in der Hauptsache die Nachbildung der radselektiven schlupfabhängigen Reifenreibung zum Ziel. Der wesentliche Unterschied gegenüber der Straßenlastsimulation aus Kapitel 3.3.3 besteht in der Rückführung der Führungs- und nicht der Regelgrößen der Drehzahlregelungen in die Reifenmodelle. Gegenüber der in Kapitel 3.3.4 erläuterten Straßenlastsimulation erfolgt die Simulation der Raddrehträgheiten virtuell und nicht mechanisch, was unterlagerte Drehzahlregelungen erfordert. Diese Straßenlastsimulation lässt sich in die vier Hauptbestandteile Fahrzeugmodell, Reifenmodelle, Raddrehträgheitsmodelle und Drehzahlregelung gliedern.

Die Patentschrift lässt große Freiheitsgrade bezüglich des Detaillierungsgrades des Fahrzeugmodells zu. In einer einfachen Ausführung liefert es lediglich die Bremsmomente für die Raddrehträgheitsmodelle sowie die Radaufstandskräfte und -geschwindigkeiten für die Reifenmodelle. Für die entsprechenden Berechnungen benötigt es mindestens die Reifenlängskräfte von den Reifenmodellen. Komplexere Fahrzeugmodelle, die beispielsweise aerodynamische, topologische oder querdynamische Effekte berücksichtigen, benötigen einen erweiterten Datenaustausch mit den Reifenmodellen.

Diese Straßenlastsimulation ist auf kein bestimmtes Reifenmodell festgelegt, sondern kann sich verschiedener aus dem Stand der Technik bekannter Modelle wie Pacejika bedienen. Sie haben in einer einfachen Ausführungsform die Aufgabe, die Reifenumfangskräfte zu berechnen, wobei die schlupfabhängige Reifenreibung berücksichtigt wird. Hierzu erhalten sie zumindest die

Radaufstandskräfte und -geschwindigkeiten vom Fahrzeugmodell sowie die Radwinkelgeschwindigkeiten von den Raddrehträgheitsmodellen.

Die Simulation der Raddrehträgheiten erfolgt virtuell mit Raddrehträgheitsmodellen, die auf dem Drehimpulssatz basieren. Dementsprechend ergeben sich die Winkelgeschwindigkeiten der Räder und damit die Führungsgrößen der unterlagerten Drehzahlregler analog zu Kapitel 3.3.3 gemäß Gleichung (3.5).

Für die Drehzahlregelungen werden in [29] PI-Regelgesetze empfohlen, worauf in Kapitel 3.1 ausführlicher eingegangen wird. Außerdem wird erweiternd eine Störgrößenaufschaltung und Vorsteuerung vorgeschlagen, die in den Kapiteln 3.8 und 3.9 erläutert sind.

Das Funktionsprinzip dieser Straßenlastsimulation ist in Abbildung 3.11 anhand ihres Signalflussplans veranschaulicht, wobei zugunsten der Übersichtlichkeit auf die Darstellung der Vorsteuerung und Störgrößenaufschaltung verzichtet wird.

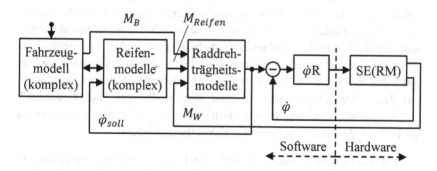

Abbildung 3.11: Signalflussplan: Straßenlastsimulation gemäß dem Patent der ZF Friedrichshafen AG

Diese Straßenlastsimulation bildet die Reifen und das Fahrzeug ähnlich detailliert nach, wie das in Kapitel 3.3.4 beschriebene Verfahren, sodass sich eine vergleichbare Realitätsnähe ergibt. Darüber hinaus können einige der in Kapitel 3.3.4 beschriebenen Nachteile vermieden werden. So ermöglicht die virtuelle Nachbildung der Radrehträgheiten den Verzicht auf Schwungmassen. Außerdem werden ein Drift der Winkelgeschwindigkeiten der Räder vermieden und geringere Anforderungen an die radseitigen elektromotorischen Stelleinrichtungen gestellt, was jeweils auf die unterlagerten Drehzahlregelungen zurückzuführen ist. Die Rückführung der Sollwerte der Winkel-geschwindigkeiten wirkt sich gegenüber der Rückführung ihrer Istwerte, wie es in Kapitel 3.3.3 der Fall ist, stabilisierend aus.

Auf der anderen Seite erfordert diese Straßenlastsimulation eine aufwendige Bestimmung der Wellenmomente und einen hohen Aufwand bei der Para-metrierung ihrer detaillierten Modelle.

3.3.6 Straßenlastsimulation gemäß dem Patent der Kristl, Seibt & Co GmbH

Die in der Patentschrift [36] der Kristl, Seibt & Co GmbH beschriebene Straßenlastsimulation zielt wie die in den Kapiteln 3.3.3 bis 3.3.5 beschrie-benen Straßenlastsimulationen in erster Linie auf die Nachbildung der radse-lektiven schlupfabhängigen Reifenreibung ab. Gegenüber der in Kapitel 3.3.4 erläuterten Straßenlastsimulation erfolgt die Simulation der Raddreh-trägheiten virtuell und nicht mechanisch, was unterlagerte Drehzahlregelun-gen erfordert. Der wesentliche Unterschied gegenüber den in den Kapiteln 3.3.3 und 3.3.5 erläuterten Straßenlastsimulationen besteht in einem Radmo-dell, das die Nachbildung eines Reifens beinhaltet. In der Veröffentlichung [41] wird eine vorteilhafte Erweiterung dieser Straßenlastsimulation zur Ver-besserung der Regelgüte der unterlagerten Drehzahlregelungen vorgeschla-gen. Diese Straßenlastsimulation lässt sich in die drei Hauptbestandteile Fahrzeugmodell, Radmodelle und Drehzahlregler sowie den vierten optiona-len Teil zur Verbesserung der Drehzahlregelung gliedern.

Die Patentschrift beschränkt sich auf kein bestimmtes Fahrzeugmodell und lässt seinen Detaillierungsgrad offen. In einer einfachen Ausführungsform errechnet es die Radaufstandskräfte und -geschwindigkeiten für die Radmo-delle. Hierzu erhält es mindestens die Umfangskräfte von den Radmodellen. Komplexere Fahrzeugmodelle, die beispielsweise aerodynamische, topologi-sche oder querdynamische Effekte berücksichtigen, benötigen einen erwei-terten Datenaustausch mit den Radmodellen.

Die radselektiven Radmodelle berechnen im Wesentlichen die Winkelge-schwindigkeiten der Räder, die den unterlagerten Drehzahlreglern als Füh-rungsgrößen übergeben werden. Sie bilden ein gesamtes Rad inklusive des zugehörigen Reifens ab, wobei seine schlupfabhängige Reifenreibung berücksichtigt wird. Als Eingangsgrößen erhalten die Radmodelle die gemessenen Wellenmomente und weitere Größen vom Fahrzeugmodell. Letztere ergeben sich aus der Ausführungsform des Fahrzeugmodells und der Radmodelle, wobei das Verfahren auf kein bestimmtes Radmodell beschränkt ist. Es sei darauf hingewiesen, dass ein Sonderfall dieser Straßenlastsimulation in der in Kapitel 3.3.5 beschriebenen Straßenlastsimulation besteht.

Die unterlagerten Drehzahlregelungen werden vorzugsweise als PI-Regler ausgeführt und in Kapitel 3.1 erläutert. Ferner können sie um Störgrößenaufschaltungen erweitert werden, wie sie in Kapitel 3.8 beschrieben sind.

Abbildung 3.12 veranschaulicht das Funktionsprinzip dieser Straßenlastsimulation anhand ihres Signalflussplans, wobei aus Gründen der Übersichtlichkeit auf die Darstellung der Erweiterungen der PI-Regler verzichtet wird.

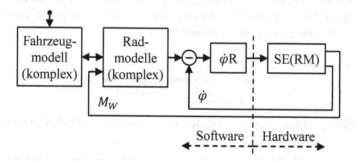

Abbildung 3.12: Signalflussplan: Straßenlastsimulation gemäß dem Patent der Kristl, Seibt & Co. Ges.m.b.H

Von diesem Verfahren ausgehend wird in [41] eine Erweiterung vorgeschlagen, die eine Verbesserung der Regelgüte der unterlagerten Drehzahlregelungen ermöglicht. Hierzu wird das Übertragungsverhalten der Radmodelle und der Drehzahlregelungen durch die Reihenschaltung der entsprechenden Übertragungsfunktionen beschrieben. Das Ergebnis ist in Abbildung 3.13 dargestellt, wobei $G_{Rad}(s)$ die Übertragungsfunktion eines Radmodelles und $G_{\dot\varphi R}(s)$ die der zugehörigen Drehzahlregelung bezeichnet.

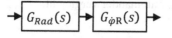

Abbildung 3.13: Signalflussplan: Radmodell und reale Drehzahlregelung

Wird der Übertragungsfunktion einer radseitigen Drehzahlregelung ihre Inverse vorangestellt, so ergibt sich – ausschließlich stabile Pole vorausgesetzt
– eine ideale Drehzahlregelung. Es zeigt sich jedoch, dass die Inverse tech-
nisch nicht realisierbar ist, da ihr Zähler- ihren Nennergrad übersteigt respektive ihr relativer Grad kleiner Null ist [45]. An dieser Stelle wird ein regelungstechnischer Kunstgriff eingesetzt, der die Integration der Inversen in die
Übertragungsfunktion des Radmodells vorsieht. Durch die integrierende
Wirkung der Drehträgheit, die Bestandteil des Radmodells ist, erhöht sich
dabei der relative Grad um Eins. Vorausgesetzt die Inverse der Drehzahlregelung hat einen relativen Grad von minus Eins, so führt dieses Vorgehen
zur technischen Realisierbarkeit des Produkts der Übertragungsfunktionen
eines Radmodelles und der zugehörigen Drehzahlregelung. Wird dieses anstelle der Übertragungsfunktion eines Radmodelles der Übertragungsfunktion der entsprechenden Drehzahlregelung vorangestellt, so ergibt sich die in
Abbildung 3.14 dargestellte Struktur. Ihr Verhalten entspricht dem eines
Radmodells mit einer idealen Drehzahlregelung.

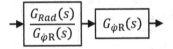

Abbildung 3.14: Signalflussplan: Radmodell und ideale Drehzahlregelung

Die Vor- und Nachteile dieser Straßenlastsimulation stimmen im Wesentlichen mit denen des in Kapitel 3.3.5 beschriebenen Verfahrens überein. Ein
nennenswerter Vorteil ergibt sich jedoch aus der in [41] vorgeschlagenen
Erweiterung der unterlagerten Drehzahlregelung. Hierdurch wird eine Verbesserung der Regelgüte und eine Verringerung der Anforderungen an die
radseitigen elektromotorischen Stelleinrichtungen erzielt.

3.3.7 Vergleich

In diesem Kapitel wird mit Tabelle 3.1 eine zusammenfassende Übersicht
gegeben, die die wesentlichen Vor- und Nachteile der oben beschriebenen
Straßenlastsimulationen miteinander vergleicht.

Tabelle 3.1: Vergleich: Straßenlastsimulationen

	Frühe Form der Klassischen Straßenlastsimulation	Späte Form der Klassischen Straßenlastsimulation	Hybride Form der Klassischen Straßenlast-simulation	Straßenlastsimulation gemäß der Patente der Asea Brown Boveri AG	Straßenlastsimulation gemäß dem Patent der Licentia Patent-Verwaltungs-GmbH	Straßenlastsimulation gemäß dem Patent der Dr. Ing. h.c. F. Porsche AG und der AVL Deutschland GmbH	Straßenlastsimulation gemäß dem Patent der ZF Friedrichshafen GmbH	Straßenlastsimulation gemäß dem Patent der Kristl, Seibt & Co. Ges.m.b.H.
Anforderungen Radmaschinen	+	o	o	o	o	−	o	+
Erforderlichkeit Schwungmassen	−−	+	−	−	+	−	+	++
Messung Wellenmoment	+	−	−	+	−	+	−	−
Aufwand für Parametrierung	+	+	+	+	o	−	−	−
Nachbildung Reifen	−−	−−	−	o	+	++	++	++
Variable Drehmomentverteilung	−	o	o	o	+	+	+	+
Realitätsnähe (gesamt)	−−	−−	−	o	+	++	++	++
Kosten	−	++	−	+	+	o	+	++

3.4   Fahrersimulation

Durch den Einsatz einer Fahrersimulation ist es möglich, den Fahrereinfluss im geschlossenen Wirkungskreis in Untersuchungen an Antriebsstrangprüfständen einzubeziehen, um die Realitätsnähe zu verbessern. Es zeigt sich, dass verschiedene Ansätze zur Simulation von Fahrern denkbar sind, die bisweilen unterschiedliche Aspekte des Fahrereinflusses nachbilden. Im Sinne der Verständlichkeit erfolgen die Erläuterungen im Rahmen dieser Arbeit anhand eines Ausführungsbeispiels, das die wesentlichen Funktionen gängiger Fahrersimulationen umfasst. Ergänzend, jedoch ohne Anspruch auf Vollständigkeit, soll an geeigneter Stelle auf die Realisierung erweiternder Funktionen eingegangen werden.

Diese Fahrersimulation übernimmt die Längs- und Querregelung eines teilweise virtuellen und realen Fahrzeugs in einer virtuellen Umgebung sowie die Regelung der Schaltungen. Hierzu ist sie als HiL-Simulation ausgeführt und in den meisten Fällen einer Straßenlastsimulation und einer Simulation eines Verbrennungsmotors mit einer Vordermaschine oder einer verbrennungsmotorischen Stelleinrichtung überlagert. Außerdem kann die Fahrersimulation auf eine Getriebestelleinrichtung oder kurz GSE zurückgreifen, mit der sie das Getriebe analog zu einem realen Fahrer betätigt. Die sich hieraus ergebende Struktur der Fahrersimulation ist in Abbildung 3.15 veranschaulicht.

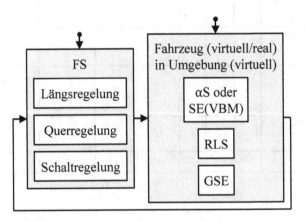

Abbildung 3.15: Signalflussplan: Fahrersimulation

Diese Fahrersimulation ermöglicht es, verschiedene Fahrmanöver auf unterschiedlichen Strecken geregelt und unter Berücksichtigung verschiedener Fahrertypen darzustellen. Da sie als geschlossener Wirkungskreis ausgeführt ist, können die Beschreibungen der Fahrmanöver, Strecken und Fahrereigenschaften weitestgehend prüflingsunabhängig formuliert werden, sodass eine gute Wiederverwendbarkeit gegeben ist. Im Sinne der Übersichtlichkeit werden die folgenden Erläuterungen zur Fahrersimulation den Teilgebieten Längsregelung und Schaltregelung, worunter auch das Anfahren subsummiert wird, und damit den Kapiteln 3.4.1 und 3.4.2 zugeordnet. In Bezug auf die Querregelung an Antriebsstrangprüfständen zeigt sich, dass bislang kaum Literatur veröffentlicht ist. Ersatzweise sei darauf hingewiesen, dass Querregelungen aus anderen Kontexten zumindest bedingt auf Antriebsstrangprüfstände übertragbar sind, weswegen beispielhaft auf die Dissertationen [46] und [47] verwiesen wird.

3.4.1 Längsregelung

Die Längsregelung verfügt, wie in [3, 4, 5, 10, 11, 19, 39] beschrieben, über zwei unabhängige Stellgrößen zur Beschleunigung und Verzögerung des Fahrzeugs. Zur Beschleunigung wird in den meisten Fällen das Fahrpedal genutzt. Zur Verzögerung hingegen werden in Abhängigkeit der Straßenlastsimulation verschiedene Stellgrößen eingesetzt, wobei im Folgenden beispielhaft von einem Bremsmoment auf Radebene ausgegangen wird. Während eines Schaltvorgangs wird die Längsregelung im Bedarfsfall von der Schaltregelung überstimmt, was insbesondere in Zusammenhang mit Handschaltgetrieben von Bedeutung ist. Dementsprechend wird bei den folgenden Betrachtungen zur Längsregelung von einem geschlossenen Antriebsstrang ausgegangen.

Der Längsregler, wie er in [39] beschrieben ist, dient zur Regelung der Fahrzeuggeschwindigkeit und besteht im Wesentlichen aus einem Fahrregler, einem Bremsregler und einer Vorsteuerung.

Der Bremsregler ist oftmals als PID-Regler ausgeführt und berechnet aus der Regelabweichung der Fahrzeuggeschwindigkeit ein verzögerndes Drehmoment auf Ebene der Räder. Dieses Drehmoment wird um die bremsende Wirkung des Motorschleppmoments korrigiert, was mit KOR abgekürzt wird. Das sich hieraus ergebende Bremsmoment wird von der Straßenlastsimulation umgesetzt.

Der Fahrregler arbeitet grundsätzlich analog zum Bremsregler. Das von ihm berechnete antreibende Drehmoment auf Radebene wird von einer Linearisierung oder kurz LIN in einen entsprechenden Fahrpedalwert umgerechnet. Dabei werden die aktuelle Übersetzung des Antriebsstrangs und ein stationäres inverses Motorkennfeld berücksichtigt [11, 39]. Durch dieses Vorgehen wird der Regler weitestgehend von den Spezifika des Prüflings entkoppelt, sodass der Applikationsaufwand bei wechselndem Prüfling geringgehalten werden kann.

Um das vorrausschauende Fahren eines realen Fahrers nachzubilden und damit die Regelgüte der Längsregelung zu verbessern, kann eine Vorsteuerung oder kurz VST eingesetzt werden. Sie berechnet aus dem Verlauf der Fahrzeugsollgeschwindigkeit ein Drehmoment auf Ebene der Räder, wobei die Fahrwiderstände inklusive des Beschleunigungswiderstandes berücksichtigt werden. Dieses Drehmoment wird den Ausgängen von Fahr- und Bremsregler aufgeschaltet.

Zur Veranschaulichung ist der Signalflussplan der beschriebenen Längsregelung in Abbildung 3.16 dargestellt.

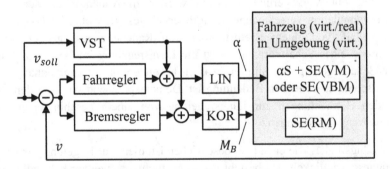

Abbildung 3.16: Signalflussplan: Längsregelung

Mit diesem Ansatz lassen sich Regelabweichungen $\Delta v \leq 1$ km/h realisieren [39]. Unterschiedliche Fahrertypen sind durch Applikation der Regler und weitere Maßnahmen darstellbar. So ist es beispielsweise denkbar, die Regelabweichung Δv zu filtern bevor sie den Reglern übergeben wird [11]. Auf diese Weise ist es möglich, die Toleranzgrenzen eines Fahrzyklus auszunutzen, um einen sparsamen Fahrer nachzubilden. Damit dieses Vorgehen nicht zu Verletzungen der Toleranzgrenzen führt, kann eine adaptive Verstärkung eingesetzt werden, die sich mit steigender Regelabweichung erhöht.

3.4.2 Schaltregelung

Bei vielen modernen automatischen Getrieben wie beispielsweise Doppel-kupplungsgetrieben oder konventionellen Automatgetrieben regeln die Getriebesteuergeräte die Schaltvorgänge selbstständig. Hierzu können sie bestimmte Drehmomente oder Winkelgeschwindigkeiten beim Eintrieb anfordern. Aus diesem Grund wird bei den folgenden Erläuterungen von einem Handschaltgetriebe ausgegangen.

Die in [3, 4, 5, 7] beschriebenen Schaltregelungen nutzen den Kupplungsweg und situationsabhängig den Weg oder die Kraft in Wähl- und Schaltgasse zur Ansteuerung des Getriebes. Zur Realisierung dieser Ansteuerung werden Getriebestelleinrichtungen eingesetzt, die die Wege und Kräfte vorzugsweise mit Linearaktoren vorgeben. Als weitere Stellgröße steht den Schaltregelungen der Fahrpedalwert zur Verfügung, sodass sie den Längs- und ggf. den Querregler während eines Schaltvorgangs überstimmen können. Die Ausgestaltung eines Schaltvorgangs hängt von vielen Faktoren ab. So ist es beispielsweise von Bedeutung, ob eine Anfahrt, ein Anhalten, eine Hoch- oder eine Runterschaltung ausgeführt werden soll. Bei den beiden Letzteren wird ferner danach unterschieden, ob sie unter Schub oder Zug stattfinden. Außerdem hat der zu simulierende Fahrertyp einen erheblichen Einfluss auf die Ausgestaltung des Schaltvorgangs, sodass es sinnvoll ist, mehrere Fahrertypen zu unterscheiden [3, 4].

Im Folgenden wird beispielhaft eine Hochschaltung unter Zug erläutert, wie sie in [3, 4, 5] beschrieben ist. Dabei werden die Abläufe drei zeitlich aufeinander folgenden Phasen zugeordnet. In der ersten Phase wird der Fahrpedalwert reduziert und die Kupplung ausgerückt. Hierzu werden normierte zeitliche Verläufe der beiden Größen eingesetzt, wobei sich zeitliche Überschneidungen zwischen dem Ausrücken der Kupplung und der Reduktion des Fahrpedalwertes realisieren lassen. Außerdem sind diese Verläufe relativ zum Druckpunkt der Kupplung definiert, sodass Verschleiß- und Ermüdungserscheinungen der Kupplung einfach zu kompensieren sind. Hierzu wird von Zeit zu Zeit eine automatische Druckpunktbestimmung durchgeführt. In der zweiten Phase wird der Gangwechsel durchgeführt, wozu die Wähl- und Schaltgasse betätigt werden. Bis zum Erreichen des Synchronisationsbereiches – erkennbar an einem Kraftanstieg in der Schaltgasse – wird die Getriebestelleinrichtung in Wegregelung betrieben. Anschließend wird eine Kraftregelung eingesetzt, um den Synchronisationsbereich realitätsnah zu durchqueren. Nach Abschluss der Synchronisation – erkennbar an einer Beschleunigung in der Schaltgasse – wird die Getriebestelleinrichtung wieder in Wegregelung betrieben, bis die Zielposition erreicht ist. Optional kann sie überdrückt werden, wie es dem Verhalten der meisten Fahrer entspricht. Mit diesem Vorgehen können heute Gangwechsel deutlich unter einer Sekunde dargestellt werden [5, 7]. Außerdem ist es möglich, den Eintrieb während eines Gangwechsels aktiv an die Anschlusswinkelgeschwindigkeit der Kupplung zu synchronisieren, um einen besonders schonenden Einkuppelvorgang darzustellen. In der dritten Phase wird die Kupplung wieder eingerückt und der Fahrpedalwert erhöht. Das Vorgehen dabei entspricht grundsätzlich dem aus der ersten Phase, nur dass üblicherweise stärkere Überschneidungen zwischen dem Einkuppeln und dem Erhöhen des Fahrpedalwertes eingesetzt werden.

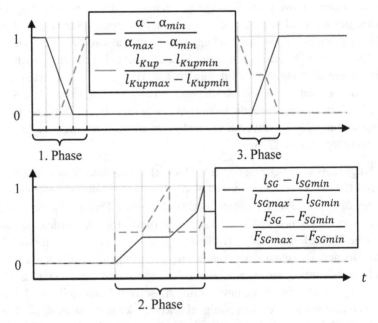

Abbildung 3.17: Signalverlauf: Zughochschaltung

Zur Veranschaulichung der Abläufe während einer Zughochschaltung sind die Verläufe des Fahrpedalwertes, des Kupplungsweges l_{Kup} und des Wegs l_{SG} sowie der Kraft F_{SG} der Schaltgasse in Abbildung 3.17 qualitativ und normiert dargestellt. Der Einfachheit halber wird dabei von einer Schaltung ohne einen Wechsel der Wählgasse ausgegangen.

3.5 Betriebsstrategien

Wie zu Beginn von Kapitel 3 erläutert, sollte die Regelung eines Antriebsstrangprüfstandes als Mehrgrößenregelung betrachtet werden, sodass sich eine ganzheitliche Herangehensweise empfiehlt. Dementsprechend werden in diesem Kapitel sogenannte Betriebsstrategien betrachtet, die jeweils die Kombination aus einer ein- und abtriebseitigen Betriebsart beschreiben. Nicht alle Permutationen der in den Kapiteln 3.1 bis 3.4 erläuterten Betriebsarten unterscheiden sich maßgeblich voneinander oder stellen sinnvolle Betriebsstrategien dar. Aus diesen Gründen wird im Folgenden lediglich eine Auswahl an Betriebsstrategien vorgestellt, wobei der Schwerpunkt der Betrachtungen auf dem Zusammenspiel der Betriebsarten liegt, während die Details zu den einzelnen Betriebsarten den Kapiteln 3.1 bis 3.4 zu entnehmen sind. Eine Betriebsstrategie wird im Folgenden durch die ab- und eintriebsseitige Betriebsart abgekürzt.

Bereits seit den frühen siebziger Jahren werden die Betriebsstrategien $\varphi R/M_W R$ und $M_W R/\varphi R$ eingesetzt [4, 16, 19, 25, 34, 48]. Sie dienen primär der Untersuchung von geschlossenen Antriebssträngen im verspannten Zustand. Für den dauerhaften Betrieb von geöffneten Antriebssträngen sind sie ungeeignet, da sich an den Maschinen, die in Wellenmomentregelung betrieben werden, ein Drift der Winkelgeschwindigkeiten einstellt. Die beiden Betriebsstrategien weisen eine vergleichsweise geringe Realitätsnähe auf, da sie das Verhalten von Reifen und Fahrzeug per se nicht nachbilden. Im Fall einer eintriebseitigen elektromotorischen Stelleinrichtung wird außerdem der Einfluss des Verbrennungsmotors vernachlässigt. Auf der anderen Seite bieten sie große Freiheitsgrade bei der Versuchsdurchführung, sodass selbst Betriebspunkte, die im Fahrversuch nur schwer oder überhaupt nicht erreicht werden können, dauerhaft darstellbar sind. Außerdem zeichnen sich $\varphi R/M_W R$ und $M_W R/\varphi R$ durch exaktes und schnelles Einregeln von stationären Betriebspunkten aus. Aus diesen Gründen werden sie bis heute beispielsweise zur Bestimmung von Wirkungsgradkennfeldern eingesetzt.

Die Betriebsstrategie $\dot{\varphi}R/\dot{\varphi}R$ [11, 48] wird zum Beispiel genutzt, um die ein- und abtriebseitigen Winkelgeschwindigkeiten eines geöffneten Antriebsstranges aktiv zu synchronisieren. Auf diese Weise kann wie in Kapitel 3.4.2 beschrieben ein, wenn auch wenig realitätsnaher, so doch prüflingsschonender, Schaltvorgang ohne großen Aufwand dargestellt werden [11]. Außerdem ist es mit dieser Betriebsstrategie möglich, den Antriebsstrang in geöffnetem Zustand einfach und schonend in einen bestimmten Betriebspunkt zu überführen. Hierdurch kann ein aufwendiger Anfahrvorgang oder das Durchfahren des Resonanzbereichs des Prüflings in geschlossenem Zustand vermieden werden. Allerdings ist es mit dieser Betriebsstrategie nicht möglich, eine ideale Synchronität zwischen den ein- und abtriebseitigen Winkelgeschwindigkeiten herzustellen, sodass es bei einem vollständig geschlossenen Antriebsstrang im Laufe der Zeit zu einer zunehmenden Verspannung kommt. Aus diesem Grund wird $\dot{\varphi}R/\dot{\varphi}R$ in Zusammenhang mit geschlossenen Antriebssträngen nur in Sonderfällen eingesetzt, bei denen beispielsweise dem Anfahrelement ein betimmter Schlupf aufgeprägt werden soll.

Zur Verbesserung der Realitätsnähe kann eine ein- oder abtriebseitige Betriebsart durch eine HIL-Simulation ersetzt werden, wodurch sich beispielsweise die Betriebsstrategien $\dot{\varphi}R/\alpha S$ und RLS/M_WR [19] ergeben. Erstere bildet das Verhalten des Verbrennungsmotors nach, sodass ein Antriebsstrang sowohl in geöffnetem als auch in geschlossenem Zustand betrieben werden kann. Außerdem ist es mithilfe dieser Betriebsstrategie möglich, einige dynamische Vorgänge, wie Schaltungen oder den Start eines Verbrennungsmotors, realitätsnäher nachzubilden. RLS/M_WR hingegen simuliert die Interaktion des Antriebsstrangs mit dem Fahrzeug und dessen Umgebung. Hierdurch wird die Realitätsnähe des dynamischen Verhaltens sowie der dazugehörigen Belastungen verbessert. So werden in Zusammenhang mit modernen Straßenlastsimulationen beispielsweise Ausgleichsvorgänge des Achsdifferentials ermöglicht, um ungewollte Verspannungen im Antriebsstrang zu vermeiden. Aufgrund der eintriebseitigen Wellenmomentregelung ist der Betrieb eines offenen Antriebsstrangs mit dieser Betriebsstrategie nur eingeschränkt sinnvoll.

Der nächste konsequente Schritt zur Verbesserung der Realitätsnähe führt zur Betriebsstrategie RLS/αS [4, 19]. Sie kombiniert die eben genannten Vorteile von ϕR/αS und RLS/M_WR miteinander.

RLS/αS kann durch eine überlagerte HIL-Simulation erweitert werden, die das Verhalten eines Fahrers nachbildet. Bei dieser Betriebsstrategie verschmelzen die ein- und abtriebseitige Betriebsart besonders ausgeprägt miteinander. Sie wird vereinfachend mit RLS/v abgekürzt [4, 10], selbst wenn sie querdynamische Effekte berücksichtigt. Durch die Fahrersimulation werden sehr realitätsnahe Schaltvorgänge bei Handschaltgetrieben und das geregelte Nachfahren von Fahrprofilen ermöglicht.

Die vorangegangenen Betrachtungen zeigen, dass es viele Betriebsstrategien gibt, die sich in ihren Eigenschaften bisweilen deutlich voneinander unterscheiden. Dementsprechend wird eine geeignete Betriebsstrategie auf Grundlage einer konkreten Aufgabenstellung ausgewählt, wobei insbesondere die Spezifika des Prüflings und das Untersuchungsziel zu berücksichtigen sind.

Zur besseren Übersicht sind in Tabelle 3.2 einige Betriebsstrategien zusammengestellt, wobei sie nach steigender Realitätsnähe und sinkenden Freiheitsgraden bei der Versuchsdurchführung geordnet sind.

Tabelle 3.2: Vergleich: Betriebsstrategien

Betriebsstrategie	Freiheitsgrade	Realitätsnähe
ϕR/M_WR	+++	o
M_WR/ϕR	+++	o
ϕR/ϕR	+++	o
M_WR/M_WR	+++	o
M_WR/αS	++	+
ϕR/αS	++	+
RLS/M_WR	++	+
RLS/ϕR	++	+
RLS/αS	+	++
RLS/v	o	+++

3.6   Aktive Dämpfung

Ein Antriebsstrangprüfstand mit einem Prüfling stellt, wie zu Beginn von
Kapitel 3 erläutert, per se eine mechanisch schwach gedämpfte schwingungsfähige Regelstrecke dar, sodass zusätzliche Maßnahmen zur Dämpfung von
Schwingungen hilfreich sind. Erschwerend kommt die entdämpfende und destabilisierende Wirkung einiger regelungstechnischer Ansätze hinzu. Aus
diesen Gründen werden in der Literatur verschiedene Maßnahmen zur
Dämpfung von Schwingungen an Antriebsstrangprüfständen vorgeschlagen.
Außerdem erlaubt eine Schwingungsdämpfung eine dynamischere Abstimmung der oftmals unterlagerten PI- oder PID-Regler [22, 25, 34].

Der Einsatz von weichen und stark dämpfenden Verbindungswellen zwischen dem Prüfling und den Stelleinrichtungen, erhöht die mechanische
Dämpfung und reduziert die Eigenkreisfrequenz des Aufbaus im Idealfall so
weit, dass sie während des Betriebs nicht mehr angeregt wird. Demgegenüber steht die mechanische Tiefpasswirkung einer derartigen Verbindungs-
welle, was in Hinblick auf dynamische Untersuchungen nachteilig ist [49].
Vor diesem Hintergrund wird im Folgenden auf zeitgemäße aktive Dämpfungen eingegangen.

In [24, 25, 34, 37, 50, 51, 52] werden aktive Dämpfungen vorgeschlagen, die
Winkelgeschwindigkeitsschwingungen zwischen zwei mechanisch miteinander gekoppelten Drehträgheiten entgegenwirken. Hierzu wird ihre Differenzwinkelgeschwindigkeit unter Berücksichtigung des Übersetzungsverhältnisses gebildet. Mit einem Verstärkungsfaktor wird hieraus ein dämpfendes
Drehmoment berechnet, das mindestens einer der beteiligten Drehträgheiten
gegenkoppelnd aufzuschalten ist. Die Funktionsweise dieser aktiven Dämpfung auf Basis der Differenzwinkelgeschwindigkeit $\Delta\dot{\varphi}$ ist in Abbildung 3.18
dargestellt, wobei beispielhaft von überlagerten Drehzahl- oder Wellenmomentregelungen ausgegangen wird. Es sei darauf hingewiesen, dass die Bestimmung des aktuellen Übersetzungsverhältnisses i beispielsweise für kon-
ventionelle Automatgetriebe nicht ohne weiteres möglich ist, sodass in [37]
ein entsprechender Übersetzungsrechner vorgeschlagen wird.

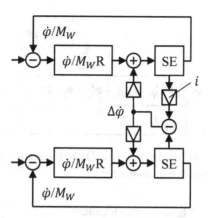

Abbildung 3.18: Signalflussplan: Aktive Dämpfung auf Basis der Differenzwinkelgeschwindigkeit

In [25, 34, 37] findet sich eine Erweiterung dieses Funktionsprinzips auf mehr als zwei gegeneinander schwingende Drehträgheiten. Hierzu werden mehrere Drehträgheiten zu einer virtuellen Drehträgheit zusammengefasst, indem eine mittlere Winkelgeschwindigkeit gebildet wird. Dabei werden die Winkelgeschwindigkeiten mit den zugehörigen Drehträgheiten gewichtet und die Übersetzungsverhältnisse berücksichtigt. Dieses Vorgehen wird wiederholt bis ein virtueller Zwei-Massen-Schwinger entsteht, dessen Schwingungen aktiv mit dem eingangs beschriebenen Vorgehen gedämpft werden können. In [24, 25, 34] wird anhand eines Beispiels nachgewiesen, dass der beschriebene Ansatz instabile Schwingungen stabilisieren und zugleich die Dynamik der Regelung verbessern kann.

In [53] wird eine aktive Dämpfung vorgeschlagen, die Schwingungen ein- oder abtriebseitiger Wellenmomente entgegenwirkt. Hierzu wird das gemessene Wellenmoment differenziert und mit einem Dämpfungsfaktor multipliziert. Das sich ergebende Dämpfungsmoment wird der Stellgröße der entsprechenden Stelleinrichtung aufgeschaltet, wie es in Abbildung 3.19 dargestellt ist.

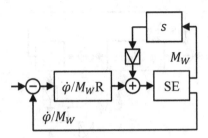

Abbildung 3.19: Signalflussplan: Aktive Dämpfung auf Basis des differenzierten Wellenmoments

Der Dämpfungsfaktor D berechnet sich gemäß

$$D = \frac{d_v}{c} \qquad\qquad \text{Gl. 3.6}$$

aus dem Quotienten der regelungstechnisch nutzbaren virtuellen Dämpfungskonstante d_v und der Federkonstante c der zugehörigen Welle. Dieses Verfahren zeichnet sich durch die Unabhängigkeit vom aktuellen Übersetzungsverhältnis des Prüflings aus, sodass auf dessen teilweise aufwendige Bestimmung verzichtet werden kann. Auf der anderen Seite wirkt sich das Ableiten des Wellenmoments verstärkend auf sein Messrauschen aus und die Federkonstante der Welle muss bekannt sein.

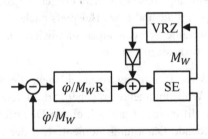

Abbildung 3.20: Signalflussplan: Aktive Dämpfung auf Basis des verzögerten Wellenmoments

In [49] wird eine aktive Dämpfung empfohlen, die ebenfalls auf dem gemessenen Wellenmoment basiert. Im Gegensatz zu dem Verfahren aus [53] wird es jedoch nicht differenziert, sondern verzögert und unter Berücksichtigung eines Verstärkungsfaktors der Stellgröße aufgeschaltet. Der entsprechende

Signalflussplan ist in Abbildung 3.20 dargestellt, wobei das Verzögerungs-glied mit VRZ abgekürzt ist. Es ist vorzugsweise kreisfrequenzabhängig und als PT1-Glied ausgeführt. Der Verstärkungsfaktor dient dem Einstellen der Dämpfung.

Dieses Verfahren zeichnet sich durch seine Unempfindlichkeit gegenüber Messrauschen und seine Unabhängigkeit von Prüflingsparametern aus. Auf der anderen Seite ist die dämpfende Wirkung kreisfrequenzabhängig.

3.7 Entkopplung

Die ein- und abtriebseitigen Stelleinrichtungen und damit die zugehörigen Regelkreise sind, wie zu Beginn von Kapitel 3 erläutert, elastisch, schwach gedämpft und zeitlich veränderlich durch den Prüfling miteinander gekop-pelt. Um die unerwünschten Einflüsse dieser Querkopplungen zu kompensie-ren, werden in der Literatur sogenannte Entkopplungen vorgeschlagen, die häufig als Entkopplungsnetzwerke ausgeführt sind. Ein derartiges Netzwerk wählt die zeitlichen Verläufe seiner Stellgrößen, sodass die Einflüsse der je-weils anderen Stellgrößen auf die Regelgrößen möglichst gut kompensiert werden [33]. Es sei explizit darauf hingewiesen, dass im Rahmen dieser Ar-beit nur von einer Entkopplung die Rede ist, wenn sie die Stell- und nicht die Führungsgrößen der jeweils anderen Regelkreise als Eingangsgrößen erhält.

Bei den folgenden Betrachtungen wird beispielhaft von einem prüfstandseiti-gen Eintrieb ausgegangen, wobei die Erkenntnisse auf eine Anwendung mit prüflingseitigem Eintrieb übertragbar sind. Außerdem wird die Betriebsstra-tegie $M_W R/\varphi R$ zugrunde gelegt, wenngleich für den umgekehrten Fall Ana-loges gilt. Dementsprechend werden die radseitigen Wellenmomentregelun-gen von der eintriebseitigen Drehzahlregelung drehzahlentkoppelt bzw. die eintriebseitige Drehzahlregelung von den radseitigen Wellenmomentrege-lungen drehmomententkoppelt, worauf in den Kapiteln 3.7.1 bzw. 3.7.2 ein-gegangen wird. Eine Drehmomententkopplung der radseitigen Wellenmo-mentregelungen untereinander ist nicht notwendig, da hier lediglich eine ver-gleichsweise schwache Kopplung vorliegt [25].

3.7.1   Drehzahlentkopplung

Im nicht drehzahlentkoppelten Fall wird ein Beschleunigungsvorgang des Prüflings, des Eintriebs und der Radmaschinen während der Übergangsvorgänge im Wesentlichen von der eintriebseitigen Drehzahlregelung geleistet. Dementsprechend wird der Prüfling tordiert, sodass er die zur Beschleunigung der radseitigen Drehträgheit und seiner selbst erforderlichen Drehmomente überträgt. Insbesondere die Änderung seines Torsionszustandes führt gemeinsam mit der Schwingungsfähigkeit des Prüflings zu unerwünschten Übergangsvorgängen, die die Regelgüte begrenzen. Im drehzahlkoppelten Fall hingegen wird das erforderliche Beschleunigungsmoment teilweise von der eintrieb- und den radseitigen elektromotorischen Stelleinrichtungen aufgebracht, sodass sich der Torsionszustand des Prüflings idealerweise nicht ändert. Hierzu schaltet die Drehzahlentkopplung den Stellgrößen der radseitigen Wellenmomentregelungen Größen auf, die sie mit einer verfahrensgemäßen Berechnungsvorschrift oder kurz $\dot{\varphi}$ENK aus der Stellgröße der eintriebseitigen Drehzahlregelung bestimmt. Dieses grundsätzliche Vorgehen ist in Abbildung 3.21 veranschaulicht und bildet die Grundlage aller im Folgenden erläuterten Drehzahlentkopplungen, die sich im Wesentlichen durch die Spezifika der $\dot{\varphi}$ENK unterscheiden.

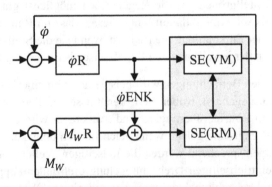

Abbildung 3.21: Signalflussplan: Drehzahlentkopplung

In [25, 34, 50, 51] wird ein P-kanonisches Entkopplungsnetzwerk zur Entkopplung aller Regelkreise abgeleitet. Die Herleitung erfordert im Wesentlichen ein lineares Modell der Regelstrecke und die Gleichheit der Winkelgeschwindigkeiten der linken und rechten Radmaschinen zur Vereinfachung des Achsdifferentialmodells. Das vorgeschlagene Entkopplungsnetzwerk enthält Übertragungsfunktionen von hoher Ordnung, deren vollständige Realisierung großen Aufwand erfordert. Außerdem bestehen Abhängigkeiten zwischen den Übertragungsfunktionen und den Prüflingsparametern, sodass eine Änderung der Prüflingsparameter, beispielsweise bei einem Prüflingswechsel, zusätzlichen Anpassungsaufwand nach sich zieht. Vor diesem Hintergrund scheint die vollständige Umsetzung des Entkopplungsnetzwerkes unverhältnismäßig und es werden einige Vereinfachungen vorgenommen. Zunächst werden vergleichsweise schwache Kopplungen vernachlässigt, um anschließend die verbleibenden Teile des Entkopplungsnetzwerkes durch ihre statischen Anteile zu approximieren. Dementsprechend ergibt sich die φENK als Proportionalitätsfaktor $P_{\varphi\text{ENK}}$. In [35, 37] wird auf eine systemtheoretische Herleitung verzichtet und stattdessen direkt eine physikalisch motivierte Entkopplung vorgeschlagen, die ihrerseits zu einer statischen Drehzahlentkopplung führt. Die vorgestellten Ansätze unterscheiden sich im Wesentlichen durch ihre Herleitung und die Berechnung des Proportionalitätsfaktors. Während dieser Faktor gemäß [37] von dem aktuellen Übersetzungsverhältnis sowie den Drehträgheiten der Vordermaschine J_{VM} und der Radmaschinen J_{RM} abhängt

$$P_{\varphi\text{ENK,1}} = \frac{J_{RM}}{i J_{VM}}, \qquad\qquad \text{Gl. 3.7}$$

berücksichtigen [34, 50, 51, 52] zusätzlich die Drehträgheit des Prüflings J_{PR}

$$P_{\varphi\text{ENK,2}} = \frac{J_{RM}}{i(J_{VM}+J_{PR})}. \qquad\qquad \text{Gl. 3.8}$$

Beide Ansätze erfordern die Bestimmung des aktuellen Übersetzungsverhältnisses, was in einigen Fällen, wie in Kapitel 3.6 beschrieben, nicht ohne Weiteres möglich ist. Außerdem vernachlässigen die beiden beschriebenen φENK die Verlustleistung des Prüflings. Statische Drehzahlentkopplungen führen für niedrige Kreisfrequenzen nachgewiesenermaßen zu einer deutlichen Verbesserung der Regelgüte. Für hochdynamische Anwendungen hingegen sind sie nicht optimal, da sie die dynamischen Eigenschaften der Querkopplungen der Regelkreise durch den Prüfling vernachlässigen. Darüber hinaus ist anzumerken, dass sich die beschriebenen statischen Drehzahlentkopplungen entdämpfend auf die Regelung auswirken. Um dem entgegenzuwirken, können zusätzlich dämpfende Maßnahmen ergriffen werden, worauf in Kapitel 3.6 eingegangen wird.

3.7.2 Drehmomentkopplung

Im nicht drehmomententkoppelten Fall wird das eintriebseitige Gegendrehmoment zu den radseitigen Wellenmomenten von der eintriebseitigen Drehzahlregelung aufgebracht, wobei es während des Übergangsvorgangs prinzipbedingt zu Winkelgeschwindigkeitsabweichungen kommt, die sich zeitlich zu einem Winkelfehler integrieren. Im drehmomententkoppelten Fall
hingegen wird dieses Gegendrehmoment präventiv eintriebseitig aufgebracht, sodass es im Idealfall zu keiner Winkelgeschwindigkeitsabweichung
kommt und die eintriebseitige Drehzahlregelung nicht eingreifen muss.

Hierzu schaltet die Drehmomentkopplung der Stellgröße der eintriebseitigen Drehzahlregelung eine Größe auf, die sie mit einer verfahrensgemäßen
Berechnungsvorschrift oder kurz M_WENK aus den Stellgrößen der radseitigen Wellenmomentregelungen bestimmt. Dieses grundsätzliche Vorgehen ist
in Abbildung 3.22 veranschaulicht und bildet die Grundlage aller im Folgenden erläuterten Drehmomententkopplungen, die sich im Wesentlichen durch
die Spezifika der M_WENK unterscheiden.

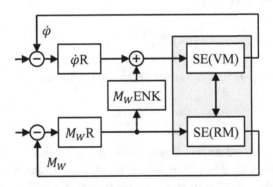

Abbildung 3.22: Signalflussplan: Drehmomententkopplung

In [25, 34, 50, 51] wird festgestellt, dass die Drehmoment- gegenüber der
Drehzahlkopplung einen geringen Einfluss auf die Regelgüte hat. Aus diesem Grund wird in diesen Arbeiten auf eine Drehmomententkopplung, die
analog zur Herleitung der Drehzahlentkopplung aus Kapitel 3.7.1 abgeleitet
werden kann, verzichtet. Dennoch wird darauf hingewiesen, dass diese
Drehmomententkopplung der entdämpfenden Wirkung der Drehzahlentkopplung entgegenwirkt. In [35, 37] wird eine statische Drehmomententkopplung

vorgeschlagen. Dementsprechend ergibt sich die M_WENK als Proportionalitätsfaktor $P_{M_W \text{ENK}}$, der sich aus dem Kehrwert des aktuellen Übersetzungsverhältnisses berechnet

$$P_{M_W \text{ENK}} = \frac{1}{i}.$$ Gl. 3.9

In Hinblick auf seine Bestimmung wird auf die Ausführungen in Kapitel
3.7.1 verwiesen. Diese statische Drehmomententkopplung führt für niedrige
Kreisfrequenzen zu einer Verbesserung der Regelgüte, obwohl die Verlustleistung des Prüflings vernachlässigt wird. Für hochdynamische Anwendungen hingegen ist sie nicht optimal, da sie die dynamischen Eigenschaften der
Querkopplungen der Regelkreise durch den Prüfling vernachlässigt.

3.8 Störgrößenaufschaltung

Eine Störgrößenaufschaltung bzw. -kompensation oder kurz SGA soll Regelabweichungen vermeiden, die in einer Störgröße z begründet sind. Hierzu
wählt eine Störgrößenaufschaltung den zeitlichen Verlauf ihrer Stellgröße
unter Berücksichtigung der Störgröße, sodass der Einfluss der Störgröße auf
die Regelgröße möglichst gut kompensiert wird [45]. Zur Veranschaulichung
ist ein entsprechender Signalflussplan in Abbildung 3.23 dargestellt, wobei
die Drehzahl- und Wellenmomentregelungen beispielhaft und nicht einschränkend zu verstehen sind. Es sei explizit darauf hingewiesen, dass bei
der Wahl der Störgröße, also derjenigen Größe die als Störung interpretiert
wird, große Freiheit besteht.

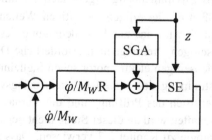

Abbildung 3.23: Signalflussplan: Störgrößenaufschaltung

Zunächst werden die Führungsgrößen anderer Regelkreise innerhalb einer Mehrgrößenregelung als Störgrößen betrachtet. Dementsprechend ist in diesem Zusammenhang von einer Störgrößenaufschaltung und nicht von einer Entkopplung im Sinne von Kapitel 3.7 die Rede. Den folgenden Erläuterungen liegt die Betriebsstrategie $M_W R/\dot{\varphi}R$ zugrunde, wobei für den umgekehrten Fall Analoges gilt. In [25, 34, 37, 50] werden die Führungsgrößen der radseitigen Wellenmomentregelungen als Störgrößen der eintriebseitigen Drehzahlregelung betrachtet. Zu ihrer Kompensation werden sie mit dem Proportionalitätsfaktor

$$P_{VM,SGA} = \frac{1}{i}.$$

Gl. 3.10

multipliziert und der Stellgröße der eintriebseitigen Drehzahlregelung aufgeschaltet, wobei die dynamischen Eigenschaften des Prüflings vernachlässigt werden. Hierdurch wird das stationär erforderliche Gegenmoment an der Vordermaschine präventiv aufgebracht und nicht erst bei einer auftretenden Winkelgeschwindigkeitsabweichung von der eintriebseitigen Drehzahlregelung eingeregelt.

In [37] wird außerdem vorgeschlagen, die Führungsgröße der eintriebseitigen Drehzahlregelung als Störgröße der radseitigen Wellenmomentregelungen zu betrachten. Um ihren Einfluss zu kompensieren, wird sie abgeleitet und mit dem Quotienten aus der Drehträgheit der jeweiligen Radmaschine und dem aktuellen Übersetzungsverhältnis multipliziert

$$M_{RM,SGA} = \frac{J_{RM}}{i} \ddot{\varphi}_{VM,soll}.$$

Gl. 3.11

Die sich aus diesem Zusammenhang ergebenden Drehmomente $M_{RM,SGA}$ werden den Stellgrößen der jeweiligen radseitigen Wellenmomentregelung aufgeschaltet. Hierdurch wird das zur Beschleunigung des Prüflings sowie der ein- und abtriebseitigen Drehträgheiten erforderliche Drehmoment nicht alleine von der eintriebseitigen elektromotorischen Stelleinrichtungen aufgebracht. Auf die Bestimmung des aktuellen Übersetzungsverhältnisses, den Umgang mit den Verlusten des Prüflings und die Vernachlässigung seiner dynamischen Eigenschaften wird an dieser Stelle nicht genauer eingegangen, sondern auf die Analogie zu Kapitel 3.7 verwiesen. Dass sich die Störgrößenaufschaltung nicht entdämpfend auf die Mehrgrößenregelung auswirkt, stellt einen wesentlichen Vorteil gegenüber den Entkopplungen gemäß Kapitel 3.7 dar.

Ein weiterer Ansatz wird in [27, 29] beschrieben, wobei von radseitigen Drehzahlregelungen ausgegangen wird. Das gemessene radseitige Wellenmoment wird als Störgröße der entsprechenden Drehzahlregelung betrachtet. Zu seiner Kompensation wird es negiert und der Stellgröße der entsprechenden radseitigen Drehzahlregelungen aufgeschaltet. Da diese Störgrößenaufschaltung auf einer Wellenmomentmessung beruht, berücksichtigt sie insbesondere die dynamischen Eigenschaften des Prüflings. Auf der anderen Seite ist es mit dem Verfahren nur möglich, Regelabweichungen zu verringern, nicht aber sie grundsätzlich zu vermeiden. Der Grund hierfür besteht in Totzeiten bei der Erfassung und Verarbeitung der Wellenmomente sowie in der begrenzten Dynamik der radseitigen elektromotorischen Stelleinrichtungen. Diese führen im dynamischen Fall zu einem gegenüber dem gemessenen Wellenmoment nacheilenden Luftspaltmoment.

3.9 Vorsteuerung

Eine Vorsteuerung oder kurz VST soll Regelabweichungen vermeiden, die in der dynamischen Änderung der Führungsgröße begründet sind. Hierzu wählt sie den zeitlichen Verlauf ihrer Stellgröße unter Berücksichtigung der Führungsgröße, sodass die Regelgröße der Führungsgröße möglichst gut folgt [45]. Ein entsprechender Signalflussplan ist zur Veranschaulichung in Abbildung 3.24 dargestellt, wobei die Drehzahl- bzw. Wellenmomentregelung beispielhaft und nicht einschränkend zu verstehen ist.

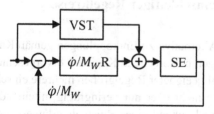

Abbildung 3.24: Signalflussplan: Vorsteuerung

Im Rahmen dieser Arbeit ist ausschließlich von einer Vorsteuerung die Rede, wenn sie die Führungsgröße des eigenen und nicht eines anderen Regelkreises als Eingangsgröße erhält. Da die Freiheitsgrade an einem Antriebsstrangprüfstand nicht durch eine Folgeregelung mit Trajektorienplanung eingeschränkt werden sollen, werden im Folgenden ausschließlich Servoregelungen im Sinne von [45] betrachtet.

In [24, 25, 34, 50, 51] wird die Vorsteuerung des Sollwertes des Wellenmoments im unterlagerten Stromregelkreis vorgeschlagen, wobei die Proportionalität zwischen dem elektrischen Strom und dem Luftspaltmoment einer elektromotorischen Stelleinrichtung ausgenutzt wird. Dieser Ansatz wird lediglich der Vollständigkeit halber erwähnt und nicht weiter ausgeführt, da im Rahmen dieser Arbeit wie in Kapitel 2.1 beschrieben von dem Stand der Technik entsprechenden elektromotorischen Stelleinrichtungen ausgegangen wird.

In [27, 29] wird eine inversionsbasierte Vorsteuerung zur Verbesserung einer Drehzahlregelung empfohlen. Hierzu wird der Sollwert der Winkelgeschwindigkeit abgeleitet, mit der Drehträgheit der entsprechenden Maschine multipliziert und das Ergebnis der Stellgröße der zugehörigen Drehzahlregelung aufgeschaltet. Auf diese Weise wird das zur Beschleunigung der Drehträgheit des Maschinenrotors erforderliche Drehmoment präventiv aufgebracht und der Drehzahlregler entlastet, der prinzipbedingt nicht agieren, sondern nur auf Regelabweichungen reagieren kann. Es sei darauf hingewiesen, dass dieser Ansatz weitere über den Prüfling angekoppelte Drehträgheiten unberücksichtigt lässt.

3.10 Synthese einschleifiger Regelkreise

In [54] wird eine Alternative zu Entkopplungen gemäß Kapitel 3.7 und Störgrößenaufschaltungen entsprechend Kapitel 3.8 vorgeschlagen. Hierbei werden durch die Wahl geeigneter Regelgrößen mehrere einschleifige Regelkreise synthetisiert, die nicht oder nur geringfügig miteinander gekoppelt sind. Dieses Vorgehen soll anhand eines Beispiels erläutert werden, das auf drei einschleifigen Regelkreisen zur Regelung der Schwerpunktwinkelgeschwindigkeit $\dot{\varphi}_S$, der radseitigen Differenzwinkelgeschwindigkeit $\Delta\dot{\varphi}$ und des radseitigen Summenwellenmoments $\sum M_W$ basiert. Die entsprechenden Regler werden mit $\dot{\varphi}_S R$, $\Delta\dot{\varphi}R$ und $\sum M_W R$ bezeichnet. Desweiteren wird beispielhaft von einem prüfstandseitigen Eintrieb ausgegangen, wenngleich die Erkenntnisse auf eine Anwendung mit prüflingseitigem Eintrieb übertragbar sind. Das radseitige Summenwellenmoment berechnet sich aus der Summe der Wellenmomente der Radmaschinen. Die Schwerpunktwinkelgeschwindigkeit hingegen wird durch Addition der mit den Drehträgheiten gewichteten Maschinenwinkelgeschwindigkeiten und unter Berücksichtigung des Übersetzungsverhältnisses bestimmt. Die drei Regelungen greifen auf dieselben Stelleinrichtungen zurück, wozu ihre Stellgrößen unter Berücksichtigung von Proportionalitätsfaktoren und Wirkrichtungen addiert werden. Die Stellgröße der $\dot{\varphi}_S R$ wird allen Stelleinrichtungen mit gleicher Wirkrichtung aufgeschaltet, wobei ein- und abtriebseitig unterschiedliche Proportionalitätsfaktoren beispielsweise zur Berücksichtigung der Drehträgheitsverteilung eingesetzt werden. Die $\sum M_W R$ schaltet ihre Stellgröße den ein- und abtriebseitigen Stelleinrichtungen mit widersinniger Wirkrichtung auf, wobei das Verhältnis der ein- und abtriebseitigen Stellgrößen durch radseitige Proportionalitätsfaktoren vorgegeben wird. Sie werden so gewählt, dass sich das eintriebseitige Wellenmoment und die abtriebseitigen Wellenmomente möglichst das Gleichgewicht halten und im Idealfall zu keiner Beschleunigung des Prüflings kommt. Dabei ist zu berücksichtigen, dass eine Änderung des Übersetzungsverhältnisses dieses Drehmomentgleichgewicht verschiebt. Die Stellgröße der $\Delta\dot{\varphi}R$ wird mit widersinniger Wirkrichtung den linken und rechten radseitigen Stelleinrichtungen aufgeschaltet. Der Signalflussplan zur Veranschaulichung dieser Regelungen ist in Abbildung 3.25 dargestellt.

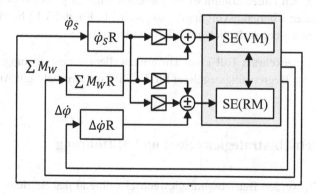

Abbildung 3.25: Signalflussplan: Nicht gekoppelte Regelkreise

Es zeigt sich, dass dieser Ansatz in der Literatur kaum aufgegriffen wird, was auf seine erschwerte Kombinierbarkeit mit anderen regelungstechnischen Ansätzen, wie beispielsweise einer Straßenlastsimulation, zurückzuführen ist.

3.11 Differenz- mit Begrenzungsregelung

Viele moderne Prüflinge können ihre Lastverteilung selbstständig ändern, wobei die entsprechende Differenzwinkelgeschwindigkeit maßgeblichen Einfluss hat. Für Untersuchungen in diesem Zusammenhang haben sich Differenzdrehzahlregelungen sowie Differenzwellenmomentregelungen als hilfreich erwiesen [19, 37].

In [37] wird ergänzend zu einer Differenzdrehzahlregelung eine Begrenzungsregelung für das Differenzwellenmoment vorgeschlagen. Sie greift in die Differenzdrehzahlregelung ein, sobald bestimmte Grenzwerte für das Differenzwellenmoment über- bzw. unterschritten werden. Neben festen Grenzwerten für das Differenzwellenmoment können bei diesem Vorgehen Kennlinien hinterlegt werden, die beispielsweise die aktuelle Differenzwinkelgeschwindigkeit berücksichtigen. Ein weiterer Vorteil dieses Verfahrens zeigt sich beim Übergang von der Differenzdrehzahlregelung auf die Begrenzungsregelung für das Differenzwellenmoment sowie dem umgekehrten Fall. In beiden Fällen kommt es bei diesem Verfahren prinzipbedingt zu keinen größeren Übergangsvorgängen, sodass die in Kapitel 3.12 beschriebenen Maßnahmen nicht zusätzlich getroffen werden müssen.

Für den umgekehrten Fall einer Differenzwellenmomentregelung mit einer ergänzenden Begrenzungsregelung für die Differenzdrehzahl gilt Analoges.

3.12 Betriebsstrategiewechsel und Mitführung

In [4, 37] werden Betriebsstrategiewechsel während des Betriebs gefordert, bei denen es zu keinen größeren Übergangsvorgängen kommen darf. Dabei werden konkret die Betriebsstrategiewechsel von $\dot{\varphi}R/M_WR$ nach $M_WR/\dot{\varphi}R$

und umgekehrt sowie von RLS/αS nach RLS/v benannt. Da es für fast jeden Betriebsstrategiewechsel einen sinnvollen Anwendungsfall gibt, kann die eingangs genannte Forderung auf alle denkbaren Betriebsstrategiewechsel erweitert werden.

Um größere Übergangsvorgänge aufgrund von Betriebsstrategiewechseln zu vermeiden, müssen die ein- und abtriebseitigen Stellgrößen möglichst sprungfrei geführt werden. Hierzu ist eine entsprechende Initialisierung der neuen Betriebsstrategie beim Wechsel erforderlich. Die Initialisierungswerte werden zu diesem Zweck für jede inaktive Betriebsstrategie kontinuierlich berechnet, was als Mitführung bezeichnet wird. Der hierfür erforderliche Aufwand hängt maßgeblich von der Ziel-Betriebsstrategie ab. Beispielsweise ist die Mitführung einer Wellenmomentregelung vergleichsweise simpel, da der Initialisierungswert ihrer Führungsgröße im aktuellen Wellenmoment besteht. Außerdem entspricht der Initialisierungswert ihres I-Anteils dem aktuellen Luftspaltmoment. Bei der Mitführung einer Straßenlastsimulation hingegen ist kontinuierlich ein stationärer Fahrzustand zu bestimmen, der zu radseitigen Wellenmomenten führt, die ihren aktuellen Werten möglichst nahekommen. Dabei zeigt sich, dass an Antriebsstrangprüfständen Betriebszustände dargestellt werden können, die überhaupt keinem oder zumindest keinem plausiblen stationären Fahrzustand entsprechen. So ist es beispielsweise möglich, einen Prüfling in einem niedrigen Gang in φR/M_WR so stark zu verspannen, dass der entsprechende stationäre Fahrzustand durch eine absurd hohe Steigung gekennzeichnet ist, die ohne Weiteres oberhalb der Steigfähigkeit des virtuellen Fahrzeuges liegen kann. Vor diesem Hintergrund wird klar, dass es trotz hohen technischen Aufwands nicht möglich ist, jeden denkbaren Betriebsstrategiewechsel ideal zu gestalten. Dementsprechend ist es ratsam, einen Wechsel der Betriebsstrategie von möglichst moderaten und annähernd stationären Betriebspunkten ausgehend auszuführen.

3.13 Einordnung und Abgrenzung

Wie in den vorangegangenen Kapiteln beschrieben, sind aus der Literatur etliche Ansätze zur Verbesserung der Regelgüte an Antriebsstrangprüfständen bekannt. Hierzu zählen Entkopplungen, Vorsteuerungen und Störgrößenaufschaltungen, die allesamt auf vereinfachenden Annahmen in Bezug auf die

Regelstrecke basieren. Dazu gehören die Vernachlässigung des Wirkungs-grads des Prüflings und seines dynamischen Übertragungsverhaltens, was anschaulich einem Antriebsstrang ohne Elastizitäten entspricht. Diese An-nahme ist vor dem Hintergrund der vergleichsweise geringen Dynamik frü-herer elektromotorischer Stelleinrichtungen verständlich, die im Vergleich zur ersten Ordnung der Eigendynamik üblicher Prüflinge gering ist. Heute ist es in zunehmendem Maß möglich, Luftspaltmomente aufzuprägen, die im Kreisfrequenzbereich der ersten Ordnung der Eigendynamik gängiger Prüf-linge liegen. Vor diesem Hintergrund scheint die Vernachlässigung des dy-namischen Übertragungsverhaltens eines Prüflings beim Reglerentwurf im-mer weniger angemessen. Zugleich ergeben sich neue Potentiale in Bezug auf die Regelgüte an Antriebsstrangprüfständen.

Vor diesem Hintergrund werden im Folgenden neue Entkopplungen, Vor-steuerungen und Störgrößenaufschaltungen entwickelt und untersucht, die erstmalig das dynamische Übertragungsverhalten eines Prüflings berücksich-tigen.

4 Modellbildung und Simulation

Eine Simulation bezeichnet ein virtuelles rechnergestütztes Experiment an einem Modell, wobei das Modell jene Eigenschaften des realen Objektes abbildet, die im Fokus der Untersuchung stehen [55]. Die Modellierung der Regelstrecke ist ein zentraler Schritt bei der Lösung von Regelungsaufgaben, da die Modelle der Regelstrecke sowohl beim Reglerentwurf als auch bei der Untersuchung des Verhaltens des geschlossenen Regelkreises mittels Simulationen eingesetzt werden [45]. Diesem Gedanken folgend werden zunächst in Kapitel 4.1 verschiedene Modelle der Regelstrecke abgeleitet, die sich hinsichtlich ihres Detaillierungsgrades unterscheiden. In Kapitel 4.2 werden sie anschließend validiert, indem die Ergebnisse aus Simulationen mit denen entsprechender Prüfstandsversuche verglichen werden.

4.1 Modellbildung

Im Rahmen dieser Arbeit werden ausschließlich mathematische Modelle verwendet, wobei strukturgetreue Nachbildungen bevorzugt werden, wie es bei technischen Simulationen üblich ist [55]. Der Grund hierfür liegt in der Übereinstimmung der Modellparameter mit denen der Regelstrecke. Dementsprechend können die Parameter und das Verhalten der inneren Größen der Regelstreckenmodelle physikalisch interpretiert werden. Die sich hieraus ergebenden Vorteile bestehen in der Verbesserung des Systemverständnisses und der Beurteilbarkeit der Simulationsergebnisse. Bei der Modellbildung ist gemäß [55] das Prinzip *„So fein wie nötig, so einfach wie möglich."* anzuwenden, was im Rahmen dieser Arbeit durch die bisweilen erforderliche Echtzeitfähigkeit weiter verschärft wird.

Im Folgenden wird die Regelstrecke vorgestellt, die die Grundlage für alle weiteren Betrachtungen bildet. Dabei wird insbesondere auf die aus der Perspektive der Modellierung relevanten Aspekte eingegangen und es werden Überlegungen zur Übertragbarkeit der Ergebnisse auf andere Anwendungsfälle angestellt. Anschließend werden in den Kapiteln 4.1.1 bis 4.1.3 Modelle der einzelnen Komponenten der Regelstrecke abgeleitet, um abschließend in

© Springer Fachmedien Wiesbaden GmbH, ein Teil von Springer Nature 2019
N. Stegmaier, *Regelung von Antriebsstrangprüfständen*, Wissenschaftliche Reihe
Fahrzeugtechnik Universität Stuttgart, https://doi.org/10.1007/978-3-658-24270-1_4

Kapitel 4.1.4 zu drei unterschiedlichen Gesamtmodellen der Regelstrecke integriert zu werden.

Die Regelstrecke setzt sich aus einem Prüfling, einer eintrieb- und zwei radseitigen elektromotorischen Stelleinrichtungen zusammen. Der Prüfling besteht im Wesentlichen aus einem Achsdifferential, zwei Seitenwellen, einer Längswelle und einem Achsträger, der zur Lagerung des Achsdifferentials dient. Das Achsdifferential ist abtriebseitig über die beiden Seitenwellen mit den Rotoren der Radmaschinen und eintriebseitig durch die Längswelle mit dem der Vordermaschine verbunden. Zur Veranschaulichung zeigt Abbildung 4.1 eine Fotografie der Anordnung in der Prüfzelle.

1. Vordermaschine	2. Längswelle	3. Achsdifferential
4. Seitenwelle	5. Achsträger	6. Radmaschine

Abbildung 4.1: Fotografie: Anordnung in der Prüfzelle

Die dominanten dynamischen Eigenschaften eines geschlossenen Antriebsstrangs sind in seinen Drehträgheiten und den Elastizitäten seiner Seitenwellen begründet [56, 57, 58]. Dementsprechend werden alle weiteren Komponenten der Regelstrecke gegenüber den Seitenwellen als starr betrachtet. Hierdurch wird das dynamische Verhalten eines Antriebsstrangs in der ersten Ordnung nachgebildet, was in Hinblick auf die radseitigen Drehzahlregelungen angemessen ist. Infolgedessen werden die Rotoren der Maschinen und die Abtriebe des Achsdifferentials durch starre Drehträgheiten modelliert, wobei die Drehträgheiten der Längswelle, des Eintriebs des Achsdifferentials und des Vordermaschinenrotors zusammengefasst werden. Analog hierzu werden die Drehträgheiten der Seitenwellen teilweise den Rotoren der Radmaschinen und teilweise den abtriebseitigen Drehträgheiten des Achsdifferentials zugeordnet. Alle Lose des Antriebsstrangs werden, sofern sie abgebildet werden sollen, von den Seitenwellenmodellen berücksichtigt.

Wird der Prüfling um ein Handschalt-, ein Doppelkupplungs- oder ein Automatgetriebe mit geschlossener Wandlerüberbrückungskupplung ergänzt, so ändert sich die Struktur des Regelstreckenmodells für einen geschlossenen Antriebsstrang nicht. Stattdessen werden lediglich Modellparameter wie Drehträgheiten, Übersetzungen und Wirkungsgrade beeinflusst. Entsprechendes gilt beim Ersetzen des prüfstandseitigen Eintriebs durch einen prüflingseitigen Verbrennungs- bzw. Elektromotor, sofern sein effektives Motormoment bzw. sein Luftspaltmoment mit hinreichender Genauigkeit bekannt ist. Demzufolge führt der Übergang vom vorliegenden Prüfling auf einen vollständigen elektro- oder verbrennungsmotorisch eingetriebenen Antriebsstrang zu keinen grundsätzlich neuen Effekten im Verhalten der Regelstrecke. Aus diesem Grund ist eine gute Übertragbarkeit der im Folgenden angestellten Überlegungen und erarbeiteten Erkenntnisse auf andere Anwendungsfälle gegeben. Es sei explizit darauf hingewiesen, dass hierfür ein geschlossener Antriebsstrang vorauszusetzen ist und Schaltungen ausgenommen sind.

4.1.1 Achsdifferential

In diesem Kapitel wird die Modellierung des Achsdifferentials erläutert, wozu vorab einige Größen zu seiner Beschreibung definiert werden. Hierzu gehören der Winkel φ_{DV} und das Drehmoment M_{DV} seines Eintriebs sowie die Winkel $\varphi_{DL/R}$ und Drehmomente $M_{DL/R}$ seines linken und rechten Abtriebs. Zur Festlegung ihrer Wirkrichtung sowie zur Veranschaulichung sind diese Größen anhand eines Freischnitts des Achsdifferentials in Abbildung 4.2 dargestellt.

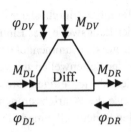

Abbildung 4.2: Mechanisches Ersatzmodell: Freigeschnittenes Achsdifferential

Bisweilen ist es bei der Beschreibung eines Achsdifferentials hilfreich, zu Mitten- und Differenzwerten überzugehen. Hierzu zählen sein Mittenwinkel φ_{Dmit} und sein Differenzwinkel $\Delta\varphi_D$ sowie sein Mittenmoment M_{Dmit} und sein Differenzmoment ΔM_D, die sich gemäß

$$\varphi_{Dmit} = \frac{1}{2}(\varphi_{DL} + \varphi_{DR}),$$ Gl. 4.1

$$\Delta\varphi_D = \frac{1}{2}(\varphi_{DL} - \varphi_{DR}),$$ Gl. 4.2

$$M_{Dmit} = \frac{1}{2}(M_{DL} + M_{DR})$$ Gl. 4.3

und

$$\Delta M_D = \frac{1}{2}(M_{DL} - M_{DR})$$ Gl. 4.4

aus den seitenselektiven Größen berechnen. Es sei an dieser Stelle darauf hingewiesen, dass es zur Beschreibung der Radmaschinen in vielen Fällen zweckmäßig ist, ihre Mitten- und Differenzgrößen zu verwenden. Sie werden analog zu denen des Achsdifferentials definiert, wobei gegenüber den Gleichungen (4.1) bis (4.4) auf den Index D verzichtet wird.

Der für Achsdifferentiale wesenhafte Ausgleich zwischen den Winkeln ihres linken und rechten Abtriebs wird durch die kinematische Beziehung

$$\varphi_{DV} = \frac{i_D}{2}(\varphi_{DL} + \varphi_{DR}) \qquad\qquad \text{Gl. 4.5}$$

beschrieben, wobei i_D das dimensionslose Übersetzungsverhältnis des Achs-differentials bezeichnet. Diese rein kinematische Beziehung resultiert aus der zu Beginn von Kapitel 4.1 begründeten Annahme, dass das Achsdifferential gegenüber den Seitenwellen als steif betrachtet wird und seine Lose, sofern sie abgebildet werden sollen, von den Seitenwellenmodellen berücksichtigt werden. Die Reibung in den Verzahnungspaarungen, den Lagern sowie den Dichtungen und die Umwälzung des Öls zur Schmierung und Kühlung des Achsdifferentials führen zu Verlusten, die durch den Wirkungsgrad η_D des Achsdifferentials quantifizierbar sind. Die Drehmomentverteilung erfolgt weitestgehend symmetrisch, sodass die abtriebseitigen Drehmomente des Achsdifferentials durch den Zusammenhang

$$M_{DL/R} = \frac{i_D}{2}\eta_D M_{DV} \qquad\qquad \text{Gl. 4.6}$$

beschrieben werden.

4.1.2 Seitenwellen

In diesem Kapitel wird die Modellbildung der Seitenwellen erläutert, wobei zwei Modellvarianten abgeleitet werden sollen, die sich hinsichtlich der Nachbildung der Lose unterscheiden.

Die Seitenwellen bestehen jeweils aus einer Hohlwelle und zwei Gleichlauf-gelenken. Sie verhalten sich in weiten Bereichen linearelastisch, wobei sie eine leichte Eigendämpfung zeigen. Außerdem sind die Gleichlaufgelenke in Drehrichtung spielbehaftet und auch das Spiel des restlichen Antriebsstrangs soll, wie zu Beginn von Kapitel 4.1 gefordert, von dem Modell der Seiten-wellen berücksichtigt werden. Lose sind laut [59] als *„das Spiel zwischen aneinandergrenzenden beweglichen Teilen"* definiert. Zur Beschreibung ei-ner Seitenwelle werden ihr ein- φ_{WEin} und abtriebseitigter Winkel φ_{WAb} so-wie das von der Seitenwelle übertragene Wellenmoment M_W definiert. Die Verdrehung der Seitenwelle $\Delta\varphi_W$ errechnet sich gemäß

$$\Delta\varphi_W = \varphi_{WEin} - \varphi_{WAb} \qquad \text{Gl. 4.7}$$

aus der Differenz ihres ein- und ihres abtriebseitigen Winkels. Da die Nachbildung der Lose zu einer Nichtlinearität in der Beschreibung der Seitenwellen führt, wird zunächst jene Variante des Seitenwellenmodells vorgestellt, die die Lose nicht berücksichtigt. Die Drehträgheit einer Seitenwelle wird, wie zu Beginn von Kapitel 4.1 beschrieben, teilweise dem zugehörigen Radmaschinenrotor bzw. dem Ausgang des Achsdifferentials zugerechnet, sodass die Seitenwelle als masseloses Feder-Dämpfer-Element beschrieben werden kann [56, 57]. Das entsprechende mechanische Ersatzmodell ist zur Veranschaulichung und zur Festlegung der Wirkrichtungen in Abbildung 4.3 dargestellt.

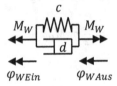

Abbildung 4.3: Mechanisches Ersatzmodell: Seitenwelle ohne Lose

Hierin weisen die Feder und der Dämpfer lineare Charakteristiken auf, deren Einfluss durch die Federkonstante c und die Dämpferkonstante d quantifiziert wird. Dementsprechend lautet das von einer Seitenwelle übertragene Wellenmoment

$$M_W = c\Delta\varphi_W + d\Delta\dot{\varphi}_W \qquad \text{Gl. 4.8}$$

Die zweite Variante des Seitenwellenmodells erweitert die Erste um die Nachbildung der Lose, wobei auf das dead-zone-Modell mit einer Erweiterung zur Berücksichtigung der Eigendämpfung zurückgegriffen wird [60]. Außerdem erweist es sich im Rahmen dieser Arbeit als zweckmäßig, das von einer Seitenwelle übertragene Drehmoment in den Losen nicht exakt Null zu setzen, sondern durch die Eigendämpfung der Seitenwelle zu beschreiben. Hierdurch wird ein sprungförmiger Verlauf des von einer Seitenwelle übertragenen Wellenmoments bei einer zügigen Durchquerung der Lose vermieden. Im Kontext dieser Arbeit führt das zu ruhigeren Simulationsergebnissen und damit zu einer besseren Nachbildungsqualität. Die zweite Variante des Seitenwellenmodells berechnet das von einer Seitenwelle übertragene Drehmoment dementsprechend gemäß

$$M_W = d\Delta\dot{\varphi}_W + \begin{cases} c\left(\Delta\varphi_W - \frac{1}{2}\Delta\varphi_{Lo}\right), \text{für } \Delta\varphi_W > \frac{1}{2}\Delta\varphi_{Lo} \\ 0 \qquad\qquad\qquad, \text{für } |\Delta\varphi_W| \le \frac{1}{2}\Delta\varphi_{Lo} \\ c\left(\Delta\varphi_W + \frac{1}{2}\Delta\varphi_{Lo}\right), \text{für } \Delta\varphi_W < -\frac{1}{2}\Delta\varphi_{Lo} \end{cases} \qquad \text{Gl. 4.9}$$

wobei $\Delta\varphi_{Lo}$ den Verdrehwinkel einer Seitenwelle beschreibt, der zu einer vollständigen Durchquerung der Lose erforderlich ist. Zur Veranschaulichung und zur Festlegung der Wirkrichtungen ist das zugehörige mechanische Ersatzmodell in Abbildung 4.4 dargestellt.

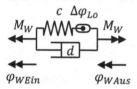

Abbildung 4.4: Mechanisches Ersatzmodell: Seitenwelle mit Losen

4.1.3 Elektromotorische Stelleinrichtung

Eine elektromotorische Stelleinrichtung prägt ihrem Maschinenrotor, wie in Kapitel 2.1 beschrieben, ein Luftspaltmoment auf. In diesem Kapitel wird ein einfaches Modell des Führungsverhaltens einer elektromotorischen Stelleinrichtung entwickelt, das den Istwert des Luftspaltmoments in Abhängigkeit seines Sollwertes beschreibt.

Es zeigt sich, dass dem Stand der Technik entsprechende Stelleinrichtungen eine gegenüber dem Eigenverhalten eines Antriebsstrangs hohe Dynamik aufweisen. Aus diesem Grund wird auf eine detaillierte strukturgetreue Nachbildung verzichtet und ein einfaches Verhaltensmodell abgeleitet, das den Aufbau des Luftspaltmoments im relevanten Kreisfrequenzbereich beschreibt. Dabei erweist sich die Kombination aus einem Totzeitglied, das die Kommunikationslatenzen abbildet, und einem PT1-Glied, das den Aufbau des Luftspaltmoments beschreibt, als zweckmäßig. Zur Veranschaulichung ist ein gemessener und ein simulierter Verlauf des Luftspaltmoments in Abbildung 4.5 dargestellt.

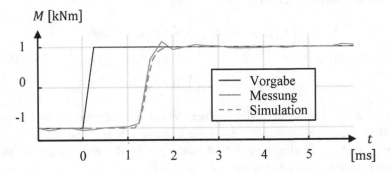

Abbildung 4.5: Signalverlauf: Elektromotorische Stelleinrichtung

4.1.4   Regelstrecke

In diesem Kapitel werden die in den vorangegangenen Kapiteln vorgestellten Modelle des Achsdifferentials, der Seitenwellen und der Drehträgheiten zu gesamten Regelstreckenmodellen integriert. Da sich im Rahmen dieser Arbeit unterschiedliche von der jeweiligen Aufgabenstellung abhängende Anforderungen an das Regelstreckenmodell richten, werden in den folgenden Kapiteln 4.1.4.1 bis 4.1.4.3 drei verschiedene Regelstreckenmodelle abgeleitet. Sie unterscheiden sich hinsichtlich ihres Detaillierungsgrades und weiterer wichtiger Eigenschaften, wie Linearität, voneinander.

Das erste Regelstreckenmodell dient vor allem zur Herleitung und Beurteilung des dritten Regelstreckenmodells. Es zeichnet sich durch lineare Zusammenhänge aus, sodass es im Folgenden als das *Lineare Modell* bezeichnet wird.

Das zweite Regelstreckenmodell dient vorrangig zur Untersuchung des Verhaltens neuer Drehzahlregelungen im geschlossenen Wirkungskreis mittels Simulationen. Infolgedessen wird im Vergleich zu den beiden anderen Regelstreckenmodellen der höchste Detaillierungsgrad und die größte Nachbildungsgüte gefordert. Seiner primären Aufgabe entsprechend wird dieses Modell der Regelstrecke als das *Simulationsmodell* bezeichnet.

Das dritte Regelstreckenmodell dient in erster Linie dem Reglerentwurf, so-dass Linearität und überschaubare Komplexität wünschenswerte Eigenschaften sind. Dieses Regelstreckenmodell wird durch eine Koordinatentransformation und unter einer vereinfachenden Annahme aus dem Linearen Modell abgeleitet. In Anlehnung an seine vorrangige Aufgabe wird es als das *Reglerentwurfsmodell* bezeichnet.

4.1.4.1 Lineares Modell

In diesem Kapitel wird das Lineare Modell hergeleitet, dessen Grundlage das Modell des Achsdifferentials (4.5) und (4.6) sowie zugunsten der Linearität das Seitenwellenmodell (4.8), das die Lose des Antriebsstrangs nicht berücksichtigt, bilden. Die Drehträgheiten der Seitenwellen werden, wie zu Beginn von Kapitel 4.1 erläutert, teilweise den radseitigen Drehträgheiten J_H sowie denen der Abtriebe des Achsdifferentials J_D zugeordnet. Außerdem werden die Drehträgheiten des Achsdifferentialeintriebs, der Längswelle und des Vordermaschinenrotors gemäß der Einleitung von Kapitel 4.1 zur eintriebseitigen Drehträgheit J_V zusammengefasst. Zur Beschreibung der Regelstrecke werden in Anlehnung an Kapitel 2.1 das Luftspaltmoment M_V und der Winkel φ_V der Vordermaschine sowie die Luftspaltmomente $M_{L/R}$ und die Winkel $\varphi_{L/R}$ der linken und rechten Radmaschine definiert. Die Winkel des linken und rechten Abtriebs des Achsdifferentials werden wie in Kapitel 4.1.1 mit $\varphi_{DL/R}$ bezeichnet, während c bzw. d in Analogie zu Kapitel 4.1.2 für die Federsteifigkeit bzw. die Dämpferkonstante der Seitenwellen steht. Das resultierende mechanische Ersatzmodell der Regelstrecke ist zur Veranschaulichung und zur Festlegung der Wirkrichtungen in Abbildung 4.6 dargestellt.

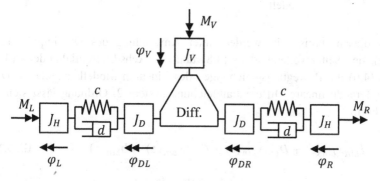

Abbildung 4.6: Mechanisches Ersatzmodell: Lineares Modell

Um dieses Ersatzmodell freischneiden zu können, werden weitere innere Größen definiert, was in Anlehnung an die Kapitel 4.1.1 und 4.1.2 geschieht. Hierzu zählen das Drehmoment am Eingang des Achsdifferentials M_{DV}, das von der linken und der rechten Seitenwelle übertragene Wellenmoment $M_{WL/R}$ sowie die Drehmomente des linken und rechten Abtriebs des Achsdifferentials $M_{DL/R}$. Der sich ergebende Freischnitt des mechanischen Ersatzmodells ist in Abbildung 4.7 zu finden, wobei zu Gunsten der Übersichtlichkeit auf die Darstellung der rechten Seite verzichtet wird. Stattdessen sei darauf hingewiesen, dass die nicht dargestellten Winkel und Drehmomente der rechten Seite die gleiche Wirkrichtung wie die entsprechenden Größen der linken Seite aufweisen.

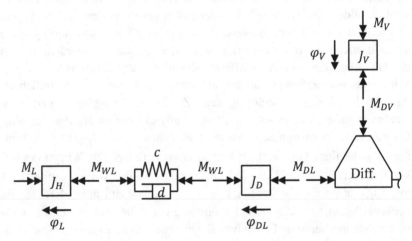

Abbildung 4.7: Mechanisches Ersatzmodell: Freigeschnittenes Lineares Modell

Aus diesem Freischnitt werden unter Anwendung des Drehimpulssatzes (2.1), des Seitenwellenmodells (4.8) und des Achsdifferentialmodells (4.5) und (4.6) die Bewegungsgleichungen des Linearen Modells abgeleitet. Das resultierende lineare Differentialgleichungssystem 2. Ordnung lässt sich in der Form

$$J_{Lin}\ddot{x}_{Lin}(t) + D_{Lin}\dot{x}_{Lin}(t) + C_{Lin}x_{Lin}(t) = b_{Lin}(t) \qquad \text{Gl. 4.10}$$

darstellen, wobei J_{Lin} die Drehträgheitsmatrix, D_{Lin} die Dämpfungsmatrix, C_{Lin} die Steifigkeitsmatrix und $x_{Lin}(t)$ die Lage des Linearen Modells beschreiben, während $b_{Lin}(t)$ seine Erregung bezeichnet. Im vorliegenden Fall lautet die Lage bzw. die Erregung

$$x_{Lin}(t) = (\varphi_L \quad \varphi_R \quad \varphi_{DL} \quad \varphi_{DR})^T \qquad \text{Gl. 4.11}$$

bzw.

$$b_{Lin}(t) = (-M_L \quad -M_R \quad M_{Vers} \quad M_{Vers})^T. \qquad \text{Gl. 4.12}$$

Dabei werden im Sinne der Übersichtlichkeit das eintriebseitige Ersatzmoment M_{Vers} sowie die eintriebseitige Ersatzdrehträgheit J_{Vers} eingeführt, die gemäß

$$M_{Vers} = \frac{i_D}{2}\eta_D M_V \qquad \text{Gl. 4.13}$$

und

$$J_{Vers} = \frac{i_D{}^2}{2}\eta_D J_V \qquad \text{Gl. 4.14}$$

definiert sind. Dementsprechend ergeben sich für die Drehträgheitsmatrix, die Dämpfungsmatrix und die Steifigkeitsmatrix des Linearen Modells

$$J_{Lin} = \begin{pmatrix} J_H & 0 & 0 & 0 \\ 0 & J_H & 0 & 0 \\ 0 & 0 & J_D + \frac{1}{2}J_{Vers} & \frac{1}{2}J_{Vers} \\ 0 & 0 & \frac{1}{2}J_{Vers} & J_D + \frac{1}{2}J_{Vers} \end{pmatrix} \qquad \text{Gl. 4.15}$$

$$D_{Lin} = \begin{pmatrix} d & 0 & -d & 0 \\ 0 & d & 0 & -d \\ -d & 0 & d & 0 \\ 0 & -d & 0 & d \end{pmatrix} \qquad \text{Gl. 4.16}$$

und

$$C_{Lin} = \begin{pmatrix} c & 0 & -c & 0 \\ 0 & c & 0 & -c \\ -c & 0 & c & 0 \\ 0 & -c & 0 & c \end{pmatrix} \qquad \text{Gl. 4.17}$$

Zu seiner numerischen Lösung im Rahmen späterer Simulationen wird dieses lineare Differentialgleichungssystem 2. Ordnung in modale Koordinaten transformiert, worauf an dieser Stelle nicht genauer eingegangen und ersatzweise auf [61] verwiesen wird. Es sei jedoch erwähnt, dass die Dämpfungsmatrix als Linearkombination der Drehträgheits- und der Steifigkeitsmatrix dargestellt werden kann, sodass Rayleigh-Dämpfung [62] vorliegt, was eine wichtige Eigenschaft in Hinblick auf die Modaltransformation darstellt.

4.1.4.2   Simulationsmodell

In diesem Kapitel wird das Simulationsmodell hergeleitet, wobei analog zur Herleitung des Linearen Modells vorgegangen wird. Der einzige und wesentliche Unterschied besteht zu Gunsten der Detailtreue in der Verwendung des Seitenwellenmodells (4.9), das die Lose des Antriebsstrangs berücksichtigt. Das resultierende nichtlineare Differentialgleichungssystem 2. Ordnung lässt sich in der Form

$$J_{Sim}\ddot{x}_{Sim}(t) + D_{Sim}\dot{x}_{Sim}(t) + C_{Sim}\big(x_{Sim}(t)\big) = b_{Sim}(t) \qquad \text{Gl. 4.18}$$

darstellen, wobei die Lage des Simulationsmodells $x_{Sim}(t)$ und seine Erregung $b_{Sim}(t)$ wie die des Linearen Modells in den Gleichungen (4.11) und (4.12) definiert werden. Die resultierende Drehträgheitsmatrix J_{Sim} und die Dämpfungsmatrix D_{Sim} des Simulationsmodells entsprechen ebenfalls denen des Linearen Modells in den Gleichungen (4.15) und (4.16).

Der Unterschied gegenüber dem Linearen Modell besteht folglich lediglich in der Spaltenmatrix $C_{Sim}(x_{Sim}(t))$, die die Rückstellkräfte der Federsteifigkeiten beschreibt und nichtlinear von der Lage abhängt. Für diese Spaltenmatrix gilt

$$C_{Sim}(x_{Sim}(t)) = \begin{pmatrix} C_L(x_{Sim}(t)) \\ C_R(x_{Sim}(t)) \\ -C_L(x_{Sim}(t)) \\ -C_R(x_{Sim}(t)) \end{pmatrix}$$

mit

$$C_{L/R}(x_{Sim}(t)) =$$

Gl. 4.19

$$\begin{cases} c\left(\varphi_{L/R} - \varphi_{DL/R} - \frac{1}{2}\Delta\varphi_{Lo}\right), \text{für } \varphi_{L/R} - \varphi_{DL/R} > \frac{1}{2}\Delta\varphi_{Lo} \\ 0 \qquad\qquad\qquad\qquad , \text{für } |\varphi_{L/R} - \varphi_{DL/R}| \leq \frac{1}{2}\Delta\varphi_{Lo} \\ c\left(\varphi_{L/R} - \varphi_{DL/R} + \frac{1}{2}\Delta\varphi_{Lo}\right), \text{für } \varphi_{L/R} - \varphi_{DL/R} < -\frac{1}{2}\Delta\varphi_{Lo} \end{cases}$$

4.1.4.3 Reglerentwurfsmodell

In diesem Kapitel wird das Reglerentwurfsmodell der Regelstrecke aus dem Linearen Modell, wie es in Kapitel 4.1.4.1 erläutert ist, hergeleitet. Hierzu wird zunächst eine Koordinatentransformation durchgeführt, die die Lage des Linearen Modells $x_{Lin}(t)$ gemäß dem Zusammenhang

$$\tilde{x}_{Lin}(t) = T^{-1}x_{Lin}(t)$$

Gl. 4.20

in seine transformierte Lage $\tilde{x}_{Lin}(t)$ überführt. Die Transformationsmatrix T wird so gewählt, dass die transformierte Lage gemäß

$$\tilde{x}_{Lin}(t) = T^{-1}x_{Lin}(t) =$$

$$\frac{1}{2}\begin{pmatrix} 1 & 1 & 0 & 0 \\ 0 & 0 & 1 & 1 \\ 1 & -1 & 0 & 0 \\ 0 & 0 & 1 & -1 \end{pmatrix}\begin{pmatrix} \varphi_L \\ \varphi_R \\ \varphi_{DL} \\ \varphi_{DR} \end{pmatrix} = \begin{pmatrix} \varphi_{mit} \\ \varphi_{Dmit} \\ \Delta\varphi \\ \Delta\varphi_D \end{pmatrix}$$

Gl. 4.21

in den Mitten- und Differenzwinkeln der Radmaschinen sowie des Achsdifferentials besteht, wie sie in Kapitel 4.1.1 beschrieben sind. Ein Einsetzen dieses Zusammenhanges in das lineare Differentialgleichungssystem 2. Ordnung (4.10) und eine anschließende Linksmultiplikation mit der halben transponierten Transformationsmatrix liefert das transformierte lineare Differentialgleichungssystem 2. Ordnung

$$\frac{1}{2}T^T J_{Lin} T \ddot{\tilde{x}}_{Lin}(t) + \frac{1}{2}T^T D_{Lin} T \dot{\tilde{x}}_{Lin}(t) + \frac{1}{2}T^T C_{Lin} T \tilde{x}_{Lin}(t)$$

$$= \frac{1}{2}T^T b_{Lin}(t).$$

Gl. 4.22

Die Linksmultiplikation mit der transponierten Transformationsmatrix ist einer Koordinatentransformation in Zusammenhang mit dem Prinzip von d'Alembert in der Lagrangeschen Fassung oder kurz dem Prinzip der virtuellen Arbeit [61, 63] entlehnt. Sie führt zu einer vorteilhaften Struktur der resultierenden Matrizen und wird ebenso bei der in Kapitel 4.1.4.1 erwähnten Modaltransformation eingesetzt. Durch die Definition der transformierten Drehträgheitsmatrix $\tilde{J}_{Lin}$, der transformierten Dämpfungsmatrix $\tilde{D}_{Lin}$, der transformierten Steifigkeitsmatrix $\tilde{C}_{Lin}$ und der transformierten Erregung des Linearen Modells $\tilde{b}_{Lin}(t)$ gemäß

$$\tilde{J}_{Lin} = \frac{1}{2}T^T J_{Lin} T,$$

Gl. 4.23

$$\tilde{D}_{Lin} = \frac{1}{2}T^T D_{Lin} T,$$

Gl. 4.24

$$\tilde{C}_{Lin} = \frac{1}{2}T^T C_{Lin} T$$

Gl. 4.25

und

$$\tilde{b}_{Lin}(t) = \frac{1}{2}T^T b_{Lin}(t)$$

Gl. 4.26

lässt sich das Differentialgleichungssystem (4.22) vereinfacht darstellen als

$$\tilde{J}_{Lin} \ddot{\tilde{x}}_{Lin}(t) + \tilde{D}_{Lin} \dot{\tilde{x}}_{Lin}(t) + \tilde{C}_{Lin} \tilde{x}_{Lin}(t) = \tilde{b}_{Lin}(t)$$

Gl. 4.27

Dabei ergeben sich für die transformierte Drehträgheitsmatrix, die transformierte Dämpfungsmatrix, die transformierte Steifigkeitsmatrix und die transformierte Erregung des Linearen Modells

$$\tilde{J}_{Lin} = \begin{pmatrix} J_H & 0 & 0 & 0 \\ 0 & J_D + J_{Vers} & 0 & 0 \\ 0 & 0 & J_H & 0 \\ 0 & 0 & 0 & J_D \end{pmatrix},$$ Gl. 4.28

$$\tilde{D}_{Lin} = \begin{pmatrix} d & -d & 0 & 0 \\ -d & d & 0 & 0 \\ 0 & 0 & d & -d \\ 0 & 0 & -d & d \end{pmatrix},$$ Gl. 4.29

$$\tilde{C}_{Lin} = \begin{pmatrix} c & -c & 0 & 0 \\ -c & c & 0 & 0 \\ 0 & 0 & c & -c \\ 0 & 0 & -c & c \end{pmatrix}$$ Gl. 4.30

und

$$\tilde{b}_{Lin}(t) = \begin{pmatrix} -M_{mit} \\ M_{Vers} \\ -\Delta M \\ 0 \end{pmatrix}.$$ Gl. 4.31

Das transformierte lineare Differentialgleichungssystem 2. Ordnung (4.27) lässt sich, mit einer Halbierung des Ranges einhergehend, in zwei voneinander unabhängige lineare Differentialgleichungssysteme zerlegen. Auf der einen Seite ergibt sich hieraus das lineare Differentialgleichungssystem 2. Ordnung in den Mittenwinkeln, das sich in der Form

$$J_{mit}\ddot{x}_{mit}(t) + D_{mit}\dot{x}_{mit}(t) + C_{mit}x_{mit}(t) = b_{mit}(t)$$ Gl. 4.32

darstellen lässt. Hierin bezeichnen $x_{mit}(t)$ den Zustand und $b_{mit}(t)$ die Erregung, die

$$x_{mit}(t) = (\varphi_{mit} \quad \varphi_{Dmit})^T$$ Gl. 4.33

und

$$b_{mit}(t) = (-M_{mit} \quad M_{Vers})^T$$ Gl. 4.34

lauten. Dementsprechend beschreiben J_{mit} die Drehträgheitsmatrix, D_{mit} die Dämpfungsmatrix und C_{mit} die Steifigkeitsmatrix des linearen Differential-gleichungssystems 2. Ordnung in den Mittenwinkeln, für die

$$J_{mit} = \begin{pmatrix} J_H & 0 \\ 0 & J_D + J_{Vers} \end{pmatrix}, \qquad \text{Gl. 4.35}$$

$$D_{mit} = \begin{pmatrix} d & -d \\ -d & d \end{pmatrix} \qquad \text{Gl. 4.36}$$

und

$$C_{mit} = \begin{pmatrix} c & -c \\ -c & c \end{pmatrix} \qquad \text{Gl. 4.37}$$

folgt. Auf der anderen Seite resultiert das lineare Differentialgleichungssystem 2. Ordnung in den Differenzwinkeln, das sich in der Form

$$J_\Delta \ddot{x}_\Delta(t) + D_\Delta \dot{x}_\Delta(t) + C_\Delta x_\Delta(t) = b_\Delta(t) \qquad \text{Gl. 4.38}$$

darstellen lässt. Dabei bezeichnen $x_\Delta(t)$ den Zustand und $b_\Delta(t)$ die Erregung, die

$$x_\Delta(t) = (\Delta\varphi \quad \Delta\varphi_D)^T \qquad \text{Gl. 4.39}$$

und

$$b_\Delta(t) = (-\Delta M \quad 0)^T \qquad \text{Gl. 4.40}$$

lauten. Dementsprechend beschreiben J_Δ die Drehträgheitsmatrix, D_Δ die Dämpfungsmatrix und C_Δ die Steifigkeitsmatrix des linearen Differential-gleichungssystems 2. Ordnung in den Differenzwinkeln, für die

$$J_\Delta = \begin{pmatrix} J_H & 0 \\ 0 & J_D \end{pmatrix}, \qquad \text{Gl. 4.41}$$

$$D_\Delta = \begin{pmatrix} d & -d \\ -d & d \end{pmatrix} \qquad \text{Gl. 4.42}$$

und

$$C_\Delta = \begin{pmatrix} c & -c \\ -c & c \end{pmatrix}$$

Gl. 4.43

folgt. Physikalisch interpretiert handelt es sich bei Differentialgleichungssystem (4.32) um einen Zwei-Massen-Schwinger in den Mittenwinkeln, der anhand des Freischnitts seines mechanischen Ersatzmodells in Abbildung 4.8 dargestellt ist.

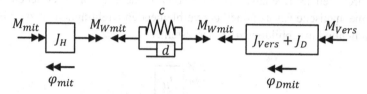

Abbildung 4.8: Mechanisches Ersatzmodell: Freigeschnittener Zwei-Massen-Schwinger in Mittenwinkeln

Das Differentialgleichungssystem (4.38) beschreibt einen Zwei-Massen-Schwinger in Mittenwinkeln den Differenzwinkeln, dessen freigeschnittenes mechanisches Ersatzmodell in Abbildung 4.9 zu finden ist.

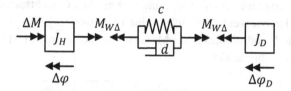

Abbildung 4.9: Mechanisches Ersatzmodell: Freigeschnittener Zwei-Massen-Schwinger in Differenzwinkeln

Die beiden Drehträgheiten des Zwei-Massen-Schwingers in den Differenzwinkeln unterscheiden sich um deutlich mehr als eine Größenordnung voneinander. Außerdem erfährt die kleinere der beiden Drehträgheiten – die Drehträgheit der Achsdifferentialabtriebe – keine äußere Erregung. Im Sinne der Übertragbarkeit der Ergebnisse auf andere Anwendungsfälle sei darauf hingewiesen, dass der Übergang vom vorliegenden Prüfling auf einen vollständigen Antriebsstrang keine grundlegende Veränderung dieser Verhältnisse mit sich bringt.

Vor diesem Hintergrund soll die Drehträgheit der Abtriebe des Achsdifferentials vernachlässigt werden, sodass das Feder-Dämpfer-Element, das die beiden Drehträgheiten miteinander koppelt, kein Drehmoment überträgt und ebenfalls entfällt. Dementsprechend vereinfacht sich der Zwei-Massen-Schwinger in den Differenzwinkeln zu der abtriebseitigen Drehträgheit, an der das Differenzluftspaltmoment der Radmaschinen angreift und dessen Lage durch den Differenzwinkel der Radmaschinenrotoren beschrieben wird. Das mechanische Ersatzmodell der verbleibenden Drehträgheit ist zur Veranschaulichung in Abbildung 4.10 dargestellt.

Abbildung 4.10: Mechanisches Ersatzmodell: Freigeschnittene Drehträgheit in Differenzwinkeln

Im nächsten Schritt soll diese Vereinfachung des Zwei-Massen-Schwingers in den Differenzwinkeln unter regelungstechnischen Gesichtspunkten bewertet werden. Hierzu werden zunächst seine Eigenwerte λ_Δ, wie sie in [62] beschrieben sind, und die des Zwei-Massen-Schwingers in den Mittenwinkeln λ_{mit} bestimmt, für die sich

$$\lambda_{\Delta,1/2} = 0 \text{ und } \lambda_{\Delta,3/4} = -\frac{d}{2}\frac{J_D+J_H}{J_D J_H}\left(1 \pm \sqrt{1 - 4\frac{c}{d^2}\frac{J_D J_H}{J_D+J_H}}\right) \qquad \text{Gl. 4.44}$$

sowie

$$\lambda_{mit,1/2} = 0 \text{ und}$$

$$\lambda_{mit,3/4} = -\frac{d}{2}\frac{J_{Vers}+J_D+J_H}{(J_{Vers}+J_D)J_H}\left(1 \pm \sqrt{1 - 4\frac{c}{d^2}\frac{(J_{Vers}+J_D)J_H}{J_{Vers}+J_D+J_H}}\right) \qquad \text{Gl. 4.45}$$

ergeben. Die Eigenkreisfrequenz des Zwei-Massen-Schwingers in den Differenzwinkeln ist für die vorliegenden Parameter um mehr als einen Faktor drei größer als die des Zwei-Massen-Schwingers in den Mittenwinkeln, weswegen die dominante Grundschwingung von Letzerem ausgeht. Darüber hinaus liegt der Realteil der Eigenwerte des Zwei-Massen-Schwingers in den Differenzwinkeln betragsmäßig um mehr als eine Größenordnung über dem des Zwei-Massen-Schwingers in den Mittenwinkeln, sodass die Eigenschwingungen in den Differenzwinkeln zudem deutlich schneller abklingen als die in den Mittenwinkeln. Außerdem liegt der Betrag der Erregung des Zwei-Massen-Schwingers in den Differenzwinkeln typischerweise deutlich unter denen des Zwei-Massen-Schwingers in den Mittenwinkeln. Zusammenfassend wird festgestellt, dass die Eigendynamik des Zwei-Massen-Schwingers in den Differenzwinkeln gegenüber der des Zwei-Massen-Schwingers in den Mittenwinkeln eine höhere Eigenkreisfrequenz bei deutlich größerer Eigendämpfung und geringerer äußerer Erregung aufweist, was die Vereinfachung des Zwei-Massen-Schwingers in den Differenzwinkeln unter regelungstechnischen Gesichtspunkten begründet.

Das Reglerentwurfsmodell wird folglich von dem linearen Differentialgleichungssystem 2. Ordnung

$$J_{Reg}\ddot{x}_{Reg}(t) + D_{Reg}\dot{x}_{Reg}(t) + C_{Reg}x_{Reg}(t) = b_{Reg}(t) \qquad \text{Gl. 4.46}$$

beschrieben, worin $x_{Reg}(t)$ die Lage und $b_{Reg}(t)$ die Erregung bezeichnen, die gemäß

$$x_{Reg}(t) = (\varphi_{mit} \quad \varphi_{Dmit} \quad \Delta\varphi)^T \qquad \text{Gl. 4.47}$$

und

$$b_{Reg}(t) = (-M_{mit} \quad M_{Vers} \quad -\Delta M)^T \qquad \text{Gl. 4.48}$$

definiert werden. Dementsprechend beschreiben J_{Reg} die Drehträgheitsmatrix, D_{Reg} die Dämpfungsmatrix und C_{Reg} die Steifigkeitsmatrix des Reglerentwurfsmodells, die

$$J_{Reg} = \begin{pmatrix} J_H & 0 & 0 \\ 0 & J_{Vers} + J_D & 0 \\ 0 & 0 & J_H \end{pmatrix}, \qquad \text{Gl. 4.49}$$

$$D_{Reg} = \begin{pmatrix} d & -d & 0 \\ -d & d & 0 \\ 0 & 0 & 0 \end{pmatrix} \qquad \text{Gl. 4.50}$$

und

$$C_{Reg} = \begin{pmatrix} c & -c & 0 \\ -c & c & 0 \\ 0 & 0 & 0 \end{pmatrix} \qquad \text{Gl. 4.51}$$

lauten.

4.2   Simulation

Wie zu Beginn von Kapitel 4 beschrieben, werden Simulationen im Rahmen dieser Arbeit eingesetzt, um Regelstreckenmodelle zu validieren, neue radseitige Drehzahlregelungen zu entwerfen und ihr Verhalten zu untersuchen. Die Simulationen basieren auf einem geschlossenen Wirkungskreis, der im Wesentlichen aus einem Regelstreckenmodell, den Modellen der elektromotorischen Stelleinrichtungen und den relevanten Teilen des Prozessleitsystems besteht. Dementsprechend werden sie im Folgenden als Software-in-the-Loop- oder kurz SiL-Simulationen bezeichnet [64, 65]. Sie zeichnen sich gegenüber realen Prüfstandsversuchen durch einen geringeren Aufwand und reduzierte Kosten aus. Außerdem kann mit ihrer Hilfe sichergestellt werden, dass neue regelungstechnische Ansätze erst nach Erreichen eines bestimmten Reifegrades am Antriebsstrangprüfstand zum Einsatz kommen.

Zunächst werden in Kapitel 4.2.1 einheitliche Versuche für die Modellvalidierung und die Untersuchung des geschlossenen Regelkreises definiert, die sämtliche für die radseitigen Drehzahlregelungen relevanten Aspekte berühren. Auf dieser Grundlage werden anschließend in Kapitel 4.2.2 die verschiedenen Regelstreckenmodelle durch die Gegenüberstellung von Ergebnissen aus SiL-Simulationen und jenen aus Prüfstandsversuchen validiert. Abschließend werden die Ergebnisse in Kapitel 4.2.3 zum besseren Vergleich quantifiziert und zusammengefasst.

4.2.1 Definition von Versuchen

In diesem Kapitel werden Versuche definiert, die der Validierung der Regelstreckenmodelle dienen. Darüber hinaus werden sie im weiteren Verlauf dieser Arbeit genutzt, um das Verhalten neuer regelungstechnischer Ansätze im geschlossenen Wirkungskreis zu untersuchen. In beiden Fällen werden die Versuchsdefinitionen im Sinne der Vergleichbarkeit sowohl als Grundlage der SiL-Simulationen als auch der Prüfstandsversuche verwendet.

Die wesentlichen von einer Versuchsdefinition festzulegenden Größen bestehen im Sollwertverlauf des Luftspaltmoments der Vordermaschine $M_{V,soll}$ und den Sollwertverläufen der Winkelgeschwindigkeiten der linken und der rechten Radmaschine. Letztere werden in Anlehnung an die Beschreibung eines Achsdifferentials gemäß den Gleichungen (4.1) bis (4.2) durch die Sollwerte der radseitigen Mitten- $\dot{\varphi}_{mit,soll}$ und Differenzwinkelgeschwindigkeit $\Delta\dot{\varphi}_{soll}$ ausgedrückt. Alle weiteren Rahmenbedingungen, zu denen insbesondere die Parametrierung des Prozessleitsystems zählt, sind für sämtliche SiL-Simulationen und Prüfstandsversuche gleich, sodass eine gute Vergleichbarkeit der Ergebnisse gegeben ist. Die Versuchsdefinitionen sollen so gewählt werden, dass sie die in Hinblick auf die radseitigen Drehzahlregelungen wesentlichen Eigenschaften der Regelstrecke und ihrer Modelle aufzeigen. Hierzu werden die genannten Größen, wie es in der Regelungstechnik üblich ist [66], mit rampenförmigen Testsignalen beaufschlagt, die hohe Gradienten aufweisen, um die Eigendynamik der Regelstrecke anzuregen.

Die Versuchsdefinitionen [4.1] und [4.2] sehen einen rampenförmigen Sollwertverlauf für das Luftspaltmoment der Vordermaschine vor, während die Sollwerte der radseitigen Mitten- und Differenzwinkelgeschwindigkeit konstant sind. Der hohe eintriebseitige Gradient dient der Anregung der Eigendynamik der Regelstrecke respektive ihrer Modelle und befindet sich in Hinblick auf die Dynamik eines prüflingseitigen Eintriebs in einer realistischen Größenordnung. Durch die Wahl des Start- und Endwertes der Rampe kann beeinflusst werden, ob es während des Versuchsverlaufs zu einer Durchquerung der Lose des Antriebsstrangs kommt.

Versuchsdefinition [4.3] beschreibt einen rampenförmigen Sollwertverlauf der radseitigen Mittenwinkelgeschwindigkeit. Unterdessen werden die Sollwerte der radseitigen Differenzwinkelgeschwindigkeit und des Luftspaltmoments der Vordermaschine konstant gehalten. Auch bei dieser Versuchsdefinition wird ein hoher Gradient für die Rampe gewählt, um die Eigendynamik der Regelstrecke anzuregen. Rechnet man den Gradienten der radseitigen Mittenwinkelgeschwindigkeit in eine Fahrzeugbeschleunigung um, so liegt diese für gängige dynamische Rollradien in der Größenordnung der Erdbeschleunigung. Mit der Vorspannung des Prüflings durch das vorgegebene Luftspaltmoment der Vordermaschine wird festgelegt, ob es während des Versuchs zu einer Durchquerung der Lose kommt.

In der Versuchsdefinition [4.4] wird ein rampenförmiger Sollwertverlauf für die radseitige Differenzwinkelgeschwindigkeit festgelegt, wobei wiederum ein hoher Gradient gewählt wird, wie er beispielsweise bei einem einseitig durchdrehenden Rad vorkommt. Indessen sind die Sollwerte des Luftspaltmoments der Vordermaschine und der radseitigen Mittenwinkelgeschwindigkeit gleichbleibend.

Die beschriebenen Versuchsdefinitionen [4.1] bis [4.4] sind in Tabelle 4.1 quantifiziert und zusammengefasst.

Tabelle 4.1: Versuchsdefinitionen: SiL-Simulationen und Prüfstandsversuche

$M_{V,soll}$ [Nm]	$\dot{\varphi}_{mit,soll}$ $\left[\frac{rad}{s}\right]$	$\Delta\dot{\varphi}_{soll}$ $\left[\frac{rad}{s}\right]$	Einfluss Lose	Versuchsdefinition
$50 \to 200$	52,4	0	nein	[4.1]
$-50 \to 50$	52,4	0	ja	[4.2]
50	$52,4 \to 26,2$	0	nein	[4.3]
50	52,4	$-10,5 \to 10,5$	nein	[4.4]

4.2.2 Validierung der Regelstreckenmodelle

In diesem Kapitel wird die Validierung des Linearen Modells, des Simulationsmodells und des Reglerentwurfsmodells, wie sie in den Kapiteln 4.1.4.1 bis 4.1.4.3 beschrieben sind, vorgenommen. Darüber hinaus soll das Verhalten dieser Modelle miteinander verglichen und zum besseren Verständnis physikalisch interpretiert werden. Der Begriff Modellvalidierung bezeichnet den Vergleich von Ergebnissen aus SiL Simulationen mit denen aus Prüfstandsversuchen, wodurch die Gültigkeit der Regelstreckenmodelle in Bezug auf die Aufgabenstellung festgestellt werden soll [64]. Die Aufgabe der Regelstreckenmodelle besteht in erster Linie in der Nachbildung der in Hinblick auf die radseitigen Drehzahlregelungen relevanten Eigenschaften der Regelstrecke. Dementsprechend ist die Nachbildung von hochfrequenten Effekten, die deutlich oberhalb der ersten Ordnung der Eigendynamik der Regelstrecke liegen, von untergeordneter Bedeutung.

Zur Validierung der Regelstreckenmodelle sowie zum Vergleich und zur physikalischen Interpretation ihres Verhaltens werden in Bezug auf die radseitigen Drehzahlregelungen aussagekräftige Größen betrachtet. Hierzu zählen die Stellgrößen und die Regelabweichungen der radseitigen Drehzahlregelungen, wobei aus Gründen der Analogie zur rechten Seite auf die grafische Darstellung der Ergebnisse der linken Seite verzichtet wird. Die Stellgröße der rechten radseitigen Drehzahlregelung besteht im rechten radseitigen Luftspaltmoment M_R während ihre Regelabweichung $e(\dot{\varphi}_R)$ gemäß

$$e(\dot{\varphi}_R) = \dot{\varphi}_{R,soll} - \dot{\varphi}_R \qquad \text{Gl. 4.52}$$

aus der Differenz des Soll- und Istwerts der Winkelgeschwindigkeit des rechten Radmaschinenrotors gebildet wird. Die SiL-Simulationen sowie die Prüfstandsversuche zur Modellvalidierung basieren auf den Versuchsdefinitionen [4.2] bis [4.4], woraus sich die Einteilung der folgenden Kapitel 4.2.2.1 bis 4.2.2.3 ergibt. Anschließend werden die Ergebnisse in Kapitel 4.2.3 zum besseren Vergleich quantifiziert und zusammengefasst.

4.2.2.1 Versuchsdefinition [4.2]

Das Verhalten der Regelstrecke sowie ihrer drei unterschiedlichen Modelle auf Grundlage von Versuchsdefinition [4.2] ist synchronisiert in Abbildung 4.11 veranschaulicht.

Die eintriebseitige Drehträgheit wird durch den rampenförmigen Verlauf des Luftspaltmoments der Vordermaschine beschleunigt, während die radseitigen Drehzahlregelungen versuchen, die Winkelgeschwindigkeiten der Radmaschinen konstant zu halten. Nach dem Abklingen der Übergangsvorgänge weisen die Winkelgeschwindigkeiten der Radmaschinen und die der Vordermaschine wieder ihre Ausgangswerte auf. Hierzu stellen die radseitigen Drehzahlregelungen Luftspaltmomente, die dem der Vordermaschine unter

Berücksichtigung des Übersetzungsverhältnisses sowie des Wirkungsgrads des Antriebsstrangs das Gleichgewicht halten. Um die gegenüber dem Ausgangszustand erhöhten Drehmomente übertragen zu können, werden die Elastizitäten des Antriebsstranges während der Übergangsvorgänge verdreht. Außerdem ist festzustellen, dass im stationären Fall keine Regelabweichungen der radseitigen Drehzahlregelungen auftreten, da sie vom I-Anteil der Regelgesetze ausgeregelt werden.

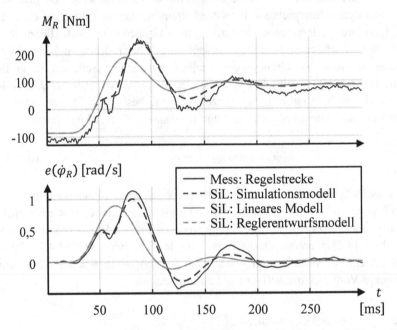

Abbildung 4.11: Signalverlauf: Modellvalidierung basierend auf Versuchsdefinition [4.2]

Das Übergangsverhalten ist in allen Fällen durch eine exponentiell abklingende Schwingung mit der ersten Eigenkreisfrequenz der Regelstrecke in den Luftspaltmomenten der Radmaschinen sowie den zugehörigen Regelabweichungen gekennzeichnet. Diese Eigenkreisfrequenz ergibt sich aus dem Imaginärteil des 3. und 4. Eigenwerts des Zwei-Massen-Schwingers in den Mittenwinkeln, wie sie in Gleichung (4.45) zu finden sind. Die beschriebenen Schwingungen werden durch die hohe Dynamik des Luftspaltmoments der Vordermaschine angeregt. Die Ergebnisse der Prüfstandsversuche zeigen

in den radseitigen Luftspaltmomenten und Regelabweichungen in der ersten
Flanke der Schwingungen eine kurze Verzögerung in Form eines Wendepunktes. Sie ist auf die Durchquerung der Lose zurückzuführen, während der
die Ein- und Abtriebseite der Regelstrecke weitestgehend voneinander entkoppelt sind. Dadurch werden die Winkelbeschleunigungen der Radmaschinen, die von der der Vordermaschine ausgehen, reduziert, was zu den beschriebenen Verzögerungen in den Regelabweichungen führt. Im Zusammenspiel mit dem Einfluss der radseitigen PI Regler ergeben sich hieraus die
beschriebenen Verzögerungen in den Luftspaltmomenten der Radmaschinen,
die denen ihrer Regelabweichungen geringfügig nacheilen. Nach der Durchquerung der Lose werden die Ein- und Abtriebseite der Regelstrecke wieder
aneinandergekoppelt, sodass die Radmaschinen, der Vordermaschine folgend, wieder stärker beschleunigen. Hieraus resultieren schnell steigende
radseitige Regelabweichungen, die von den Drehzahlregelungen in ebenfalls
zügig zunehmende Luftspaltmomente der Radmaschinen umgesetzt werden.
Die beschriebenen Effekte sind in den Losen des Antriebsstrangs begründet
und werden vom Simulationsmodell gut im Sinne der Aufgabenstellung
nachgebildet. Das Lineare Modell und das Reglerentwurfsmodell hingegen
berücksichtigen die Lose des Antriebsstrangs nicht, sodass die auf ihrer
Grundlage ermittelten Führungs- und Stellgrößen der radseitigen Drehzahlregelungen in der ersten Flanke ihrer Schwingungen keine Verzögerung
aufweisen. Hierdurch kommt es im weiteren Verlauf der Übergangsvorgänge
zu einem Phasengewinn gegenüber den Ergebnissen des Prüfstandsversuchs.
Außerdem fällt das erste Überschwingen in den radseitigen Luftspaltmomenten und Regelabweichungen geringer aus, da die Lose und damit die starke
Zunahme der Winkelgeschwindigkeit der Eintriebseite während ihrer Durchquerung vom Linearen Modell und vom Reglerentwurfsmodell nicht nachgebildet werden. Die Signalverläufe, die sich im Fall des Linearen Modells und
des Reglerentwurfsmodells ergeben, stimmen miteinander überein, da sich
diese beiden Regelstreckenmodelle lediglich in Hinblick auf die Differenzwinkelgeschwindigkeiten unterscheiden, die im vorliegenden Fall konstant
Null sind. Außerdem sei darauf hingewiesen, dass es im Fall von Versuchsdefinition [4.1] zu keiner Durchquerung der Lose kommt, sodass die Verläufe der radseitigen Luftspaltmomente und Regelabweichungen einander für alle drei Regelstreckenmodelle entsprechen.

Zusammenfassend ist festzustellen, dass die Regelstrecke vom Simulationsmodell in Hinblick auf die Versuchsdefinitionen [4.1] und [4.2] gut im Sinne

seiner Aufgabenstellung nachgebildet wird. Für das Reglerentwurfsmodell und das Lineare Modell hingegen ergeben sich in Zusammenhang mit Versuchsdefinition [4.2] Einschränkungen in der Nachbildungsgüte, da es zu einer Durchquerung der Lose des Antriebsstrangs kommt.

4.2.2.2　Versuchsdefinition [4.3]

Das Verhalten der Regelstrecke sowie ihrer drei unterschiedlichen Modelle auf Grundlage von Versuchsdefinition [4.3] ist synchronisiert in Abbildung 4.12 veranschaulicht.

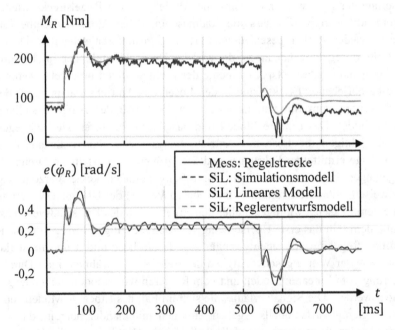

Abbildung 4.12: Signalverlauf: Modellvalidierung basierend auf Versuchsdefinition [4.3]

Die radseitigen Drehzahlregelungen versuchen durch Vorgabe geeigneter Luftspaltmomente die Regel- den rampenförmigen Führungsgrößen nachzuführen. Hierzu müssen die Luftspaltmomente der Radmaschinen nach Abklingen der Übergangsvorgänge die Beschleunigung der ein- und abtriebseitigen Drehträgheiten leisten. Darüber hinaus müssen sie dem Luftspaltmoment der Vordermaschine unter Berücksichtigung des Übersetzungsverhältnisses und des Wirkungsgrads des Antriebsstrangs das Gleichgewicht halten. Damit der Antriebsstrang das für die Beschleunigung der eintriebseitigen Drehträgheit erforderliche Drehmoment übertragen kann, ist es notwendig, seine Elastizitäten während der Übergangsvorgänge zu verdrehen.

Die bleibende Regelabweichung während des rampenförmigen Verlaufs der Winkelgeschwindigkeiten der Radmaschinen ist auf einen systematischen Fehler bei der Ablage der Messdaten zurückzuführen, der im Folgenden erläutert wird. Der Teil des Prozessleitsystems, der die radseitigen Drehzahlregelungen ausführt, zeigt keine Regelabweichungen nach dem Abklingen der Übergangsvorgänge, was auf den I Anteil der zugehörigen Regelgesetze zurückzuführen ist. Die Vorgabe der radseitigen Führungsgrößen und die Ablage der Messdaten erfolgen auf einem anderen Teil des modular aufgebauten Prozessleitsystems. Sowohl die Übertragung der Führungs- als auch die der Regelgrößen zwischen diesen Teilen ist latenzbehaftet. Der hierdurch entstehende Phasenverzug zwischen den beiden Größen führt im dynamischen Fall zu virtuellen Regelabweichungen, die für die rechte Drehzahlregelung mit $e_{Lat}(\dot{\varphi}_R)$ bezeichnet werden. Sie berechnen sich für den vorliegenden Fall nach Abklingen der Übergangsvorgänge aus dem Produkt der Latenzzeit T_{Lat} und dem Gradienten der rampenförmigen Führungsgrößen

$$e_{Lat}(\dot{\varphi}_R) = T_{Lat}\ddot{\varphi}_{R,soll} \qquad \text{Gl. 4.53}$$

Um eine Vergleichbarkeit zwischen den Ergebnissen aus SiL-Simulationen und denen aus Prüfstandsversuchen herzustellen, werden die beschriebenen Latenzen bei den SiL-Simulationen berücksichtigt.

Das Übergangsverhalten der Regelstrecke sowie ihrer drei Modelle ist durch exponentiell abklingende Schwingungen mit der ersten Eigenkreisfrequenz der Regelstrecke, die sich analog zu Kapitel 4.2.2.1 ergibt, in den Luftspaltmomenten der Radmaschinen sowie ihren Regelabweichungen gekennzeichnet. Sie werden durch die hohen Gradienten der rampenförmigen Winkelgeschwindigkeiten der Radmaschinen angeregt. Die Luftspaltmomente der Radmaschinen setzen sich im Wesentlichen aus zwei Anteilen zusammen, die zum einen der Beschleunigung der radseitigen Drehträgheiten und zum anderen der eintriebseitigen Drehträgheit dienen. Die elastische Kopplung der eintriebseitigen Drehträgheit an die Radmaschinen bedingt die Schwin-

gungen in den Luftspaltmomenten und den Regelabweichungen der Radmaschinen. Die Signalverläufe, die sich im Fall des Simulationsmodells, des Linearen Modells und des Reglerentwurfsmodells ergeben, stimmen miteinander überein, da sich die drei Regelstreckenmodelle lediglich in Hinblick auf
die Differenzwinkelgeschwindigkeiten bzw. die Lose unterscheiden, die im
vorliegenden Fall konstant Null sind bzw. nicht durchquert werden.

Zusammenfassend ist festzustellen, dass die Regelstrecke in Hinblick auf
Versuchsdefinition [4.3] von ihren drei Modellen gut im Sinne ihrer Aufgabenstellung nachgebildet wird.

4.2.2.3   Versuchsdefinition [4.4]

Das Verhalten der Regelstrecke sowie ihrer drei unterschiedlichen Modelle
auf Grundlage von Versuchsdefinition [4.4] ist synchronisiert in Abbildung
4.13 veranschaulicht.

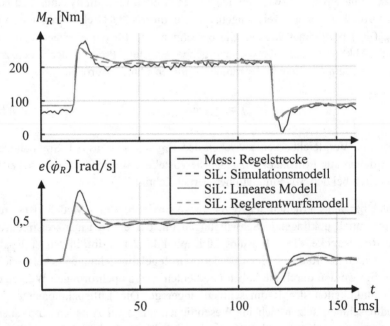

Abbildung 4.13: Signalverlauf: Modellvalidierung basierend auf Versuchsdefinition [4.4]

Um die Regel- den rampenförmigen Führungsgrößen nachzuführen, müssen die radseitigen Drehzahlregelungen Luftspaltmomente vorgeben, die nach dem Abklingen der Übergangsvorgänge die Beschleunigung der radseitigen Drehträgheiten und der Abtriebe des Achsdifferentials leisten. Unterdessen ist die eintriebseitige Drehträgheit von diesen Vorgängen entkoppelt. Außerdem müssen die Luftspaltmomente der Radmaschinen dem der Vordermaschine das Gleichgewicht halten, wobei das Übersetzungsverhältnis und der Wirkungsgrad des Antriebsstrangs zu berücksichtigen sind. Die bleibenden Regelabweichungen während der rampenförmigen Verläufe der Winkelgeschwindigkeiten der Radmaschinen sind auf den in Kapitel 4.2.2.2 erläuterten systematischen Fehler bei der Ablage der Messdaten zurückzuführen.

Die Übergangsvorgänge in den Luftspaltmomenten der Radmaschinen und ihren Regelabweichungen sind im Fall des Reglerentwurfsmodells durch ein aperiodisch kriechend abklingendes Überschwingen gekennzeichnet. Um den rampenförmigen Sollwertverläufen der Winkelgeschwindigkeiten der Radmaschinen ideal zu folgen, sind sprungförmige Verläufe der zugehörigen Luftspaltmomente erforderlich, was von den radseitigen elektromotorischen Stelleinrichtungen nicht geleistet werden kann. Aus diesem Grund kommt es im ersten Augenblick zum Überschwingen der Regelabweichungen. Im Zusammenspiel mit den radseitigen PI-Reglern ergeben sich hieraus überschwingende Verläufe der Luftspaltmomente der Radmaschinen, die den Regelabweichungen geringfügig nacheilen. Den beschriebenen Verläufen der Luftspaltmomente der Radmaschinen und ihren Regelabweichungen sind im Fall des Linearen Modells und des Simulationsmodells hochfrequente gedämpfte Schwingungen geringer Amplitude überlagert, deren Eigenkreisfrequenz aus dem 3. und 4. Eigenwert des Zwei-Massen-Schwingers in den Differenzwinkeln resultiert, wie sie in Gleichung (4.44) beschrieben sind. Außerdem zeigt sich, dass die Ergebnisse der SiL Simulationen auf Grundlage des Linearen Modells und des Simulationsmodells miteinander übereinstimmen, da die Lose des Antriebsstrangs in Zusammenhang mit Versuchsdefinition [4.4] nicht durchquert werden. Auch die Ergebnisse der Prüfstandsversuche weisen hochfrequente gedämpfte Schwingungen geringer Amplitude in den Luftspaltmomenten der Radmaschinen sowie ihren Regelabweichungen auf, die jedoch nicht exakt mit denen des Linearen Modells und des Simulationsmodells in Phase sind.

Zusammenfassend wird trotz der beschriebenen Unterschiede zwischen dem Verhalten des Reglerentwurfsmodells und jenem der beiden anderen Regelstreckenmodellen festgestellt, dass alle drei Regelstreckenmodelle das Verhalten der Regelstrecke in Hinblick auf Versuchsdefinition [4.4] gut im Sinne ihrer Aufgabenstellung nachbilden. Es sei insbesondere darauf hingewiesen, dass die Annäherung des Zwei-Massen-Schwingers in den Differenzwinkeln durch eine Drehträgheit bei der Herleitung des Reglerentwurfsmodells einen vergleichsweise geringen Einfluss auf die Nachbildungsgüte hat.

4.2.3 Quantifizierung und Zusammenfassung der Ergebnisse

Zur Quantifizierung der Nachbildungsgüte der Regelstreckenmodelle werden zwei Abweichungsmaße eingeführt, die die Ergebnisse der Prüfstandsversuche mit denen der SiL-Simulationen vergleichen. Das Erste besteht in der maximalen betragsmäßigen Abweichung $\hat{E}(M_R)$ der Luftspaltmomente der rechten Radmaschine und ist gemäß

$$\hat{E}(M_R) = \max\big(\big|M_{R,mess} - M_{R,sim}\big|\big) \qquad \text{Gl. 4.54}$$

definiert. Das zweite Abweichungsmaß wird in Anlehnung an die quadratische Regelfläche [66] gebildet. Es wird als die mittlere quadratische Abweichung $\bar{E}^2(M_R)$ der Luftspaltmomente der rechten Radmaschine bezeichnet und gemäß

$$\bar{E}^2(M_R) = \frac{1}{t_1-t_0} \int_{t_0}^{t_1} \big(M_{R,mess} - M_{R,sim}\big)^2 dt \qquad \text{Gl. 4.55}$$

definiert, wobei die Zeitpunkte t_0 und t_1 den Beginn und das Ende des Betrachtungszeitraumes festlegen. Die sich auf Grundlage der Versuchsdefinitionen [4.1] bis [4.4] ergebenden Werte für die beiden Abweichungsmaße sind für das Lineare Modell, das Simulationsmodell und das Reglerentwurfsmodell in Tabelle 4.2 zusammengefasst.

Die Werte beider Abweichungsmaße für Versuchsdefinition [4.2] zeigen, dass das Simulationsmodell die Regelstrecke deutlich genauer als die beiden anderen Regelstreckenmodelle nachbildet, sobald es zu einer Durchquerung der Lose des Antriebsstrangs kommt. Im umgekehrten Fall hingegen liefern alle drei Regelstreckenmodelle vergleichbare Ergebnisse, was an den Werten beider Abweichungsmaße für die Versuchsdefinitionen [4.1], [4.3] und [4.4] festzumachen ist. Es wird insbesondere darauf hingewiesen, dass das Reglerentwurfsmodell, trotz der vereinfachenden Annahme bei seiner Herleitung, dem Linearen Modell hinsichtlich der Nachbildungsgüte nicht nachsteht.

Tabelle 4.2: Quantifizierung: Nachbildungsgüte der Regelstreckenmodelle

Versuchs- definition	$\hat{E}(M_R)$ [Nm]		
	Simulationsmodell	Lineares Modell	Reglerentwurfsmodell
[4.1]	53	52	52
[4.2]	60	155	155
[4.3]	61	61	61
[4.4]	54	54	50
	$\bar{E}^2(M_R)$ [(Nm)^2]		
	Simulationsmodell	Lineares Modell	Reglerentwurfsmodell
[4.1]	645	637	637
[4.2]	603	2493	2493
[4.3]	367	366	366
[4.4]	225	225	165

5 Regelung

In diesem Kapitel werden neue regelungstechnische Ansätze entwickelt und untersucht, die die Verbesserung der Regelgüte der radseitigen Drehzahlregelungen zum Ziel haben. Sie berücksichtigen gegenüber aus der Literatur bekannten Verfahren insbesondere das dynamische Übertragungsverhalten des Prüflings. In Hinblick auf die eintriebseitige Betriebsart bestehen dabei keine Einschränkungen, weswegen verschiedene Betriebsstrategien von den neuen Ansätzen profitieren. Den folgenden Betrachtungen liegt die in Kapitel 4.1 beschriebene Regelstrecke zugrunde, wobei eine gute Übertragbarkeit der Ergebnisse auf andere Regelstrecken besteht, wie es zu Beginn von Kapitel 4.1 ausgeführt ist. Ferner sei darauf hingewiesen, dass die im Folgenden angestellten Überlegungen auf eintriebseitige Drehzahlregelungen übertragbar sind. Üblicherweise basieren Drehzahlregelungen im Kontext von Antriebsstrangprüfständen, wie in Kapitel 3.1 erläutert, auf PI-Regelgesetzen. Aus diesem Grund werden sie als bewährter Ausgangspunkt der folgenden Überlegungen genutzt.

Die beiden wesentlichen Ursachen von Regelabweichungen, die die Regelgüte begrenzen, bestehen in Veränderungen der Führungs- und Störgrößen [67], wobei sich dynamische Änderungen tendenziell stärker auswirken. Dementsprechend empfehlen sich Erweiterungen der PI-Regelgesetze, die die Verläufe der Führungsgrößen und der Störgrößen unmittelbar berücksichtigen. Sie können bereits unter Berücksichtigung der Ursachen von Regelabeichungen agieren, bevor die Regelabweichungen auftreten, während die bestehenden PI-Regelgesetze prinzipbedingt erst auf bereits vorhandene Regelabweichungen reagieren können. Indem diese Erweiterungen einen Beitrag zum Führungs- und Störverhalten der Regelkreise leisten, werden die zugehörigen PI Regelgesetze entlastet. Hierdurch entstehen Spielräume bei ihrer Abstimmung, die zur weiteren Steigerung der Regelgüte genutzt werden können. Im Sinne der Vergleichbarkeit wird die Parametrierung der PI-Regelgesetze im Rahmen dieser Arbeit jedoch beibehalten. Die Führungsgrößen der radseitigen Drehzahlregelungen bestehen in den Sollwerten der Winkelgeschwindigkeiten der linken und rechten radseitigen elektromotorischen Stelleinrichtung $\dot{\varphi}_{L/R,soll}$, während das Luftspaltmoment der eintriebseitigen elektromotorischen Stelleinrichtung als ihre wesentliche Störgröße

© Springer Fachmedien Wiesbaden GmbH, ein Teil von Springer Nature 2019
N. Stegmaier, *Regelung von Antriebsstrangprüfständen*, Wissenschaftliche Reihe Fahrzeugtechnik Universität Stuttgart, https://doi.org/10.1007/978-3-658-24270-1_5

betrachtet wird. Außerdem wird zunächst vereinfachend davon ausgegangen, dass das Führungs- und das Störverhalten der Regelstrecke sich gegenseitig nicht beeinflussen, sodass zwei voneinander unabhängige Erweiterungen der PI Regelgesetze zur Verbesserung des Führungs- und des Störverhaltens möglich sind. Erstere besteht in einer Vorsteuerung, deren prinzipielle Funktionsweise in Kapitel 3.9 erläutert ist. Letztere kann durch eine Störgrößenaufschaltung realisiert werden, die grundsätzlich wie in Kapitel 3.8 beschrieben arbeitet. Alternativ zu einer Störgrößenaufschaltung kann eine Entkopplung eingesetzt werden, deren prinzipielle Arbeitsweise Kapitel 3.7 zu entnehmen ist. Sie erhält im Unterschied zur Störgrößenaufschaltung den Soll- und nicht den Istwert des Luftspaltmoments der eintriebseitigen elektromotorischen Stelleinrichtung $M_{V,soll}$ als Eingangsgröße, der zur Quantifizierung des dominanten Einflusses der Querkopplungen herangezogen wird. Dementsprechend unterscheidet sich die Entkopplung von der Störgrößenaufschaltung durch die Berücksichtigung des Führungsverhaltens der eintriebseitigen elektromotorischen Stelleinrichtung, wie es in Kapitel 4.1.3 beschrieben ist. Vor diesem Hintergrund wird im Folgenden beispielhaft von Störgrößenaufschaltungen ausgegangen, wobei die Ergebnisse unmittelbar auf Entkopplungen übertragbar sind. Zur Veranschaulichung der genannten Erweiterungen im Kontext der geschlossenen Regelkreise sind sie anhand ihres Signalflussplans in Abbildung 5.1 dargestellt.

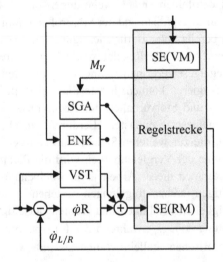

Abbildung 5.1: Signalflussplan: Erweiterungen der radseitigen Drehzahlregelungen

Im Folgenden werden drei unterschiedliche Ansätze, die sich jeweils aus Vorsteuerungen und Störgrößenaufschaltungen respektive Entkopplungen zusammensetzen, entwickelt. Zur Untersuchung ihres Einflusses auf die radseitigen Drehzahlregelungen im geschlossenen Wirkungskreis werden SiL-Simulationen und Prüfstandsversuche durchgeführt. Dabei wird von einer Steuerung des Luftspaltmoments der eintriebseitigen elektromotorischen Stelleinrichtung ausgegangen, um eine Beeinflussung der Ergebnisse durch eine überlagerte eintriebseitige Regelungsart zu vermeiden. Außerdem werden die in Kapitel 4.2.2.2 beschriebenen Latenzen nicht in den SiL-Simulationen berücksichtigt, sondern in den Ergebnissen der Prüfstandsversuche kompensiert. Auf diese Weise enthalten die Ergebnisse keine latenzbedingten Regelabweichungen, was ihre Interpretation unter regelungstechnischen Gesichtspunkten erleichtert.

Der erste Ansatz ist Gegenstand von Kapitel 5.1 und basiert auf dem in Kapitel 4.1.4.2 erläuterten Simulationsmodell. In diesem Fall sind das Führungs- und Störverhalten der radseitigen Drehzahlregelkreise durch die Nichtlinearitäten des Differentialgleichungssystems (4.18) miteinander gekoppelt, sodass die zugehörige Vorsteuerung und die entsprechende Störgrößenaufschaltung zu einer Einheit verschmelzen. Deshalb wird dieser Ansatz im Folgenden als die *Vorsteuerung mit integrierter Störgrößenaufschaltung* bezeichnet.

In Kapitel 5.2 wird der zweite Ansatz behandelt, der auf dem Reglerentwurfsmodell gemäß Kapitel 4.1.4.3 fußt. Durch die Linearität des zugehörigen Differentialgleichungssystems (4.46) ist es möglich, das Führungs- und das Störverhalten der radseitigen Drehzahlregelkreise getrennt voneinander zu beschreiben. Demzufolge können die Vorsteuerung und die Störgrößenaufschaltung separat voneinander formuliert und ihre Beiträge zu den Stellgrößen der radseitigen Drehzahlregelungen addiert werden. Dieser Eigenschaft entsprechend wird dieser Ansatz im weiteren Verlauf der Arbeit als die *Vorsteuerung und Störgrößenaufschaltung* bezeichnet.

Der dritte Ansatz wird in Kapitel 5.3 erläutert und ergibt sich unter Vernachlässigung einiger Effekte, die in Hinblick auf die radseitigen Drehzahlregelungen nicht von dominantem Einfluss sind, aus der Vorsteuerung und Störgrößenaufschaltung. Infolgedessen wird dieser Ansatz als die *Vereinfachte Vorsteuerung und Störgrößenaufschaltung* bezeichnet.

Anschließend werden die erzielten Ergebnisse in Kapitel 5.4 zum besseren Vergleich quantifiziert und zusammengefasst.

5.1   Vorsteuerung mit integrierter Störgrößenaufschaltung

Die Vorsteuerung mit integrierter Störgrößenaufschaltung oder kurz VIS besteht aus einer Vorsteuerung und einer Störgrößenaufschaltung, die sich wie zu Beginn von Kapitel 5 erläutert wechselseitig beeinflussen, sodass sie eine Einheit bilden. Zur Veranschaulichung ist ein entsprechender Signalflussplan in Abbildung 5.2 dargestellt.

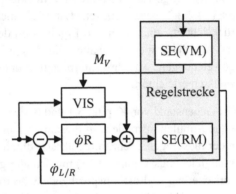

Abbildung 5.2: Signalflussplan: Vorsteuerung mit integrierter Störgrößenaufschaltung

Die Vorsteuerung mit integrierter Störgrößenaufschaltung besteht im Simulationsmodell und damit dem Differentialgleichungssystem (4.18). Dementsprechend berücksichtigt sie den Wirkungsgrad sowie das dynamische Übertragungsverhalten des Antriebsstrangs und insbesondere den Einfluss seiner Lose. Als Störgröße erhält sie das Luftspaltmoment der eintriebseitigen elektromotorischen Stelleinrichtung, während ihr als Führungsgrößen die Sollwerte der Winkelgeschwindigkeiten der linken und rechten radseitigen elektromotorischen Stelleinrichtung übergeben werden. Hieraus berechnet sie Luftspaltmomente, die den Stellgrößen der radseitigen Drehzahlregelungen aufgeschaltet werden, um Störungen zu kompensieren und den Führungsgrößen zu folgen.

Zur Untersuchung dieses Ansatzes im geschlossenen Wirkungskreis werden in Kapitel 5.1.1 SiL-Simulationen durchgeführt und ihre Ergebnisse diskutiert.

5.1.1 Sil-Simulation

In diesem Kapitel wird das Verhalten der geschlossenen radseitigen Drehzahlregelkreise unter dem Einfluss der Vorsteuerung mit integrierter Störgrößenaufschaltung untersucht. Hierzu wird auf SiL-Simulationen auf Grundlage von Versuchsdefinition [4.2] zurückgegriffen, die mit – und als Referenz ohne – Erweiterung der PI Regelgesetze durchgeführt werden. Die Ergebnisse sind synchronisiert in Abbildung 5.3 veranschaulicht, wobei dieselben Größen wie in Kapitel 4.2.2 dargestellt werden, da sie in Hinblick auf die radseitigen Drehzahlregelungen besonders aussagekräftig sind.

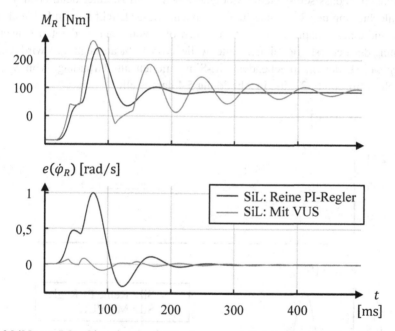

Abbildung 5.3: Signalverlauf: Vorsteuerung mit integrierter Störgrößenaufschaltung basierend auf Versuchsdefinition [4.2]

Es ist festzustellen, dass der Einsatz der Vorsteuerung mit integrierter Störgrößenaufschaltung Regelabweichungen fast gänzlich vermeidet, was auf ihre Übereinstimmung mit dem Simulationsmodell, das den SiL-Simulationen zu Grunde liegt, zurückzuführen ist. Lediglich im Bereich hoher Gradienten der Stellgrößen treten merkliche Regelabweichungen auf. Sie resultieren aus der, wenn auch hohen so doch begrenzten, Dynamik der radseitigen elektro-

motorischen Stelleinrichtungen, mit der es nicht gelingt, die geforderten hohen Gradienten der Stellgrößen in vollem Umfang umzusetzen.

Außerdem zeigt sich, dass die Stellgrößen, die sich unter dem Einfluss der
Vorsteuerung mit integrierter Vorsteuerung ergeben, gegenüber dem Referenzfall schwach gedämpfte Schwingungen ausführen. Die Abweichung der
Schwingungsform von einer harmonischen Schwingung resultiert aus der
Durchquerung der Lose des Antriebsstrangs. Ihre schwache Dämpfung führt
zu einer lang andauernden Reaktion auf eine vergleichsweise kurze Störung.
Diese Eigenschaft bedingt eine geringe Robustheit gegenüber Modellabweichungen, sodass selbst kleine Modellabweichungen zu einer deutlichen Ver-
schlechterung der Regelgüte führen können. Dieser Effekt soll im Folgenden
anhand eines Beispiels erläutert werden, wobei von einer moderaten Abweichung der Federsteifigkeit der Seitenwellen von 15 % ausgegangen wird. Die
Ergebnisse der entsprechenden SiL-Simulationen auf Grundlage von Versuchsdefinition [4.2] sind in Abbildung 5.4 dargestellt.

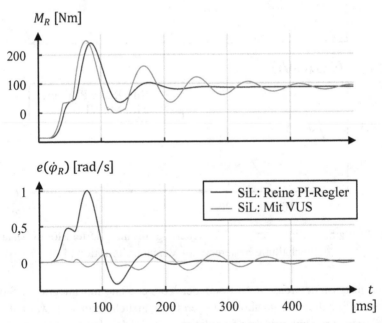

Abbildung 5.4: Signalverlauf: Vorsteuerung mit integrierter Störgrößenaufschaltung mit Modellabweichung basierend auf Versuchs-
definition [4.2]

Es ist zu erkennen, dass sich die Modellabweichung zunächst kaum auf die Regelabweichungen auswirkt, die sich unter dem Einfluss der Vorsteuerung mit integrierter Störgrößenaufschaltung ergeben. Allerdings kommt es im weiteren Verlauf gegenüber dem Referenzfall sowie Abbildung 5.3 zu deutlich höheren Regelabweichungen. Sie sind durch schwach gedämpfte Schwingungen gekennzeichnet, die sich aufgrund der Durchquerung der Lose des Antriebsstrangs von einer harmonischen Schwingung unterscheiden.

Die Modellabweichung führt zu einer geringen Änderung der ersten Eigenkreisfrequenz der Vorsteuerung mit integrierter Störgrößenaufschaltung gegenüber dem Simulationsmodell, das den SiL-Simulationen zu Grunde liegt. Hierdurch kommt es im Laufe der Zeit zu einer zunehmenden Phasenverschiebung zwischen den von der Erweiterung der PI-Regelgesetze berechneten und den tatsächlich erforderlichen Stellgrößen der radseitigen Drehzahlregelungen. Demzufolge werden die PI-Regelgesetze von ihrer Erweiterung bereits für diese vergleichsweise geringe Modellabweichung nicht mehr in geeigneter Weise unterstützt. Im schlimmsten Fall kommt es zwischen den beiden Größen sogar zu einer Gegenphasigkeit, sodass sich die Vorsteuerung mit integrierter Störgrößenaufschaltung vollständig kontraproduktiv auswirkt. Auf die Ergebnisse zusätzlicher Untersuchungen anhand von Prüfstandsversuchen oder auf Grundlage weiterer Versuchsdefinitionen wird nicht eingegangen, da sich hieraus keine prinzipiell neuen Erkenntnisse ergeben.

Zusammenfassend wird festgestellt, dass die Vorsteuerung mit integrierter Störgrößenaufschaltung eine geringe Robustheit aufweist, was im Wesentlichen auf ihre Tendenz zu schwach gedämpften Eigenschwingungen und ihre damit einhergehende vergleichsweise lange Reaktionsdauer auf Änderungen der Störgröße oder der Führungsgrößen zurückzuführen ist. Da in der Praxis mit Modellabweichungen zu rechnen ist, ist diese Erweiterung der PI-Regelgesetze für den Einsatz an Antriebsstrangprüfständen ungeeignet. Stattdessen sollen die in diesem Kapitel gewonnenen Erkenntnisse in die Entwicklung der Vorsteuerung und Störgrößenaufschaltung im nächsten Kapitel einfließen.

5.2   Vorsteuerung und Störgrößenaufschaltung

Die Vorsteuerung mit integrierter Störgrößenaufschaltung, wie sie in Kapitel 5.1 beschrieben ist, liefert keine befriedigenden Ergebnisse hinsichtlich ihrer Robustheit und damit in der Praxis in Bezug auf ihre Regelgüte. Die Ursache hierfür besteht im Wesentlichen in ihrer Tendenz zu schwach gedämpften Eigenschwingungen, woraus sich vergleichsweise lange Reaktionsdauern auf Änderungen der Störgröße oder der Führungsgrößen ergeben. Deshalb wird in diesem Kapitel eine Erweiterung der radseitigen Drehzahlregelungen entwickelt, die nicht zu Eigenschwingungen fähig ist und somit eine bessere Robustheit aufweist. Auf der anderen Seite soll ihr Verhalten dem der Vorsteuerung mit integrierter Störgrößenaufschaltung möglichst nahekommen, sodass sich ein Zielkonflikt ergibt.

Wird die Vorsteuerung mit integrierter Störgrößenaufschaltung als Ausgangspunkt gewählt, so kann ihr Verhalten durch die Modifikation ihrer Parameter beeinflusst werden. Bei diesem Vorgehen zeigt sich, dass bereits die Modifikation eines Parameters mehrere Aspekte ihres Übertragungsverhaltens beeinflusst. So bringt beispielsweise eine Erhöhung der Dämpfungskonstante zur stärkeren Dämpfung der Eigenschwingungen eine Verringerung der Resonanzkreisfrequenz mit sich. Deshalb gelingt es mit diesem Vorgehen nicht, einen guten Ausgleich des eingangs erwähnten Zielkonflikts zu erreichen.

Stattdessen ist eine Erweiterung der radseitigen Drehzahlregelungen erforderlich, die hinsichtlich der Gestaltung ihres Übertragungsverhaltens größere Freiheitsgrade bietet. Den Ausgangspunkt hierfür bildet das Reglerentwurfsmodell, das in Kapitel 5.2.1 zunächst in die Zustandsraumdarstellung für lineare Mehrgrößensysteme überführt und anschließend durch die entsprechende Übertragungsfunktion ausgedrückt wird, die als die *Referenzübertragungsfunktion* bezeichnet wird. In Kapitel 5.2.2 wird gezeigt, dass die entstehende Struktur das Übertragungsverhalten der Stör- und Führungsgrößen der radseitigen Drehzahlregelungen auf ihre Stellgrößen beschreibt, sodass sie als eine Vorsteuerung und eine Störgrößenaufschaltung interpretiert werden kann, deren Kern die Referenzübertragungsfunktion bildet. Aufgrund ihrer Tendenz zu schwach gedämpften Eigenschwingungen, wird der eingangs beschriebene Zielkonflikt wie von der Vorsteuerung mit integrierter Störgrößenaufschaltung nicht ausgeglichen. Aus diesem Grund wird die Referenzübertragungsfunktion unter Beibehaltung der regelungstechnischen Struktur durch eine weitere Übertragungsfunktion ersetzt, die als die *Synthetische Übertragungsfunktion* bezeichnet wird, sodass sich die Vorsteuerung und Störgrößenaufschaltung ergibt. In Kapitel 5.2.3 wird die Synthetische Übertragungsfunktion im Frequenzbereich entwickelt und anschließend im Zeitbereich untersucht, wobei der Ausgleich des zu Beginn dieses Kapitels erläuterten Zielkonfliktes im Vordergrund steht. Zur Ermittlung des Einflusses der Vorsteuerung und Störgrößenaufschaltung auf die radseitigen Drehzahlregelungen im geschlossenen Wirkungskreis werden in Kapitel 5.2.4 SiL-Simulationen und Prüfstandsversuche durchgeführt und ihre Ergebnisse diskutiert.

5.2.1 Zustandsraumdarstellung und Referenzübertragungsfunktion

In diesem Kapitel wird das Reglerentwurfsmodell in die Zustandsraumdarstellung für lineare Mehrgrößensysteme überführt und anschließend durch eine Übertragungsfunktion ausgedrückt, die als die Referenzübertragungsfunktion bezeichnet wird. Die Zustandsraumdarstellung für lineare Mehrgrößensysteme besteht gemäß [45] in der Zustandsgleichung

$$\dot{x}_{Zus} = A x_{Zus} + B u \qquad \text{Gl. 5.1}$$

und der Ausgabegleichung

$$y = E x_{Zus} + F u, \qquad \text{Gl. 5.2}$$

worin u den Eingangsvektor, x_{Zus} den Zustandsvektor und y den Ausgangsvektor bezeichnen, während A für die Systemmatrix, B für die Steuermatrix, E für die Beobachtungsmatrix und F für die Durchgangsmatrix stehen. In Hinblick auf die radseitigen Drehzahlregelungen werden ihre Stör- und Führungsgrößen als Eingangsgrößen des Zustandsraummodells definiert und in dem Eingangsvektor

$$u = (\varphi_{mit} \quad \dot{\varphi}_{mit} \quad \ddot{\varphi}_{mit} \quad \Delta\dot{\varphi} \quad M_{Vers})^T \qquad \text{Gl. 5.3}$$

zusammengefasst, wobei analog zur Beschreibung des Reglerentwurfsmodells ihre Mitten- und Differenzgrößen herangezogen werden. Die Mitten- und Differenzwerte der Stellgrößen der radseitigen Drehzahlregelungen sollen von dem Zustandsraummodell ausgegeben werden, weswegen sich der Ausgangsvektor

$$y = (M_{mit} \quad \Delta M)^T \qquad \text{Gl. 5.4}$$

ergibt. Der Zustand wird durch den Mittenwinkel und die Mittenwinkelgeschwindigkeit des Achsdifferentials beschrieben, sodass der Zustandsvektor

$$x_{Zus} = (\varphi_{Dmit} \quad \dot{\varphi}_{Dmit})^T \qquad \text{Gl. 5.5}$$

lautet. Unter Verwendung des Eingangsvektors (5.3), des Ausgangsvektors (5.4) und des Zustandsvektors (5.5) ergeben sich für das Reglerentwurfsmodell (4.46) die Systemmatrix

$$A = \begin{pmatrix} 0 & 1 \\ \frac{-c}{J_{Vers}+J_D} & \frac{-d}{J_{Vers}+J_D} \end{pmatrix}, \qquad \text{Gl. 5.6}$$

die Steuermatrix

$$B = \begin{pmatrix} 0 & 0 & 0 & 0 & 0 \\ \frac{c}{J_{Vers}+J_D} & \frac{d}{J_{Vers}+J_D} & 0 & 0 & \frac{1}{J_{Vers}+J_D} \end{pmatrix}, \qquad \text{Gl. 5.7}$$

die Beobachtungsmatrix

$$E = \begin{pmatrix} c & d \\ 0 & 0 \end{pmatrix} \qquad \text{Gl. 5.8}$$

und die Durchgangsmatrix

$$F = \begin{pmatrix} -c & -d & -J_H & 0 & 0 \\ 0 & 0 & 0 & -J_H & 0 \end{pmatrix}. \qquad \text{Gl. 5.9}$$

Die zugehörige Übertragungsfunktion beschreibt das Übertragungsverhalten des Eingangsvektors auf den Ausgangsvektor im Frequenzbereich und wird im Folgenden als die Referenzübertragungsfunktion $G_{Ref}(s)$ bezeichnet. Sie lässt sich gemäß [45] unter Anwendung des Zusammenhangs

$$G_{Ref}(s) = E(sI - A)^{-1}B + F \qquad \text{Gl. 5.10}$$

aus der System-, der Steuer-, der Beobachtungs- und der Durchgangsmatrix ermitteln. Im vorliegenden Fall ergibt sich für die Referenzübertragungsfunktion in Pol-Nullstellen-Form, wie sie in [45] beschrieben ist,

$$G_{Ref}(s) = \begin{pmatrix} -c\dfrac{s^2}{s^2+\frac{d}{J_{Vers}+J_D}s+\frac{c}{J_{Vers}+J_D}} & 0 \\[2ex] -d\dfrac{s^2}{s^2+\frac{d}{J_{Vers}+J_D}s+\frac{c}{J_{Vers}+J_D}} & 0 \\[2ex] -J_H & 0 \\[1ex] 0 & -J_H \\[2ex] \dfrac{d}{J_{Vers}+J_D}\dfrac{s+\frac{c}{d}}{s^2+\frac{d}{J_{Vers}+J_D}s+\frac{c}{J_{Vers}+J_D}} & 0 \end{pmatrix}^T . \qquad \text{Gl. 5.11}$$

Zur Veranschaulichung ist der Signalflussplan des Reglerentwurfsmodell auf Basis der Referenzübertragungsfunktion in Abbildung 5.5 dargestellt, wobei auf die Abbildung ihrer trivialen Komponenten im Sinne der Übersichtlichkeit verzichtet wird.

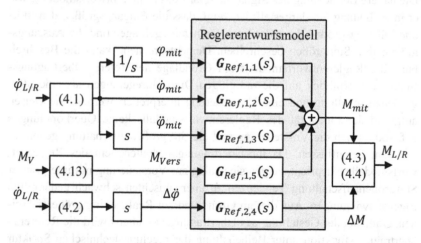

Abbildung 5.5: Signalflussplan: Reglerentwurfsmodell

Die Eingangsgrößen der Referenzübertragungsfunktion werden, wie es Abbildung 5.5 zeigt, unter Verwendung der Gleichungen (4.1), (4.2) und (4.13)

sowie eines Integrierers $1/s$ und zweier Differenzierer s aus der Winkelgeschwindigkeit der linken und der rechten Radmaschine sowie dem Luftspaltmoment eintriebseitigen elektromotorischen Stelleinrichtung berechnet.
Analog hierzu werden das Luftspaltmoment der linken und der rechten radseitigen elektromotorischen Stelleinrichtung mithilfe der Gleichungen (4.3)
und (4.4) aus den Ausgangsgrößen der Referenzübertragungsfunktion gebildet, wie es in Abbildung 5.5 dargestellt ist.

Die Beschreibung des Reglerentwurfsmodells auf Grundlage seiner Übertragungsfunktion bildet den Ausgangspunkt für die Ableitung des regelungstechnischen Ansatzes der Vorsteuerung und Störgrößenaufschaltung, worauf
in Kapitel 5.2.2 eingegangen wird.

5.2.2   Regelungstechnischer Ansatz

In diesem Kapitel wird der regelungstechnische Ansatz der Vorsteuerung
und Störgrößenaufschaltung aus der Beschreibung des Reglerentwurfsmodells auf Grundlage der Referenzübertragungsfunktion abgeleitet.

Die nähere Betrachtung des Signalflussplans des Reglerentwurfsmodells, wie
er in Abbildung 5.5 dargestellt ist, zeigt, dass die Eingangsgrößen den Stör-
und Führungsgrößen der radseitigen Drehzahlregelungen und die Ausgangsgrößen ihre Stellgrößen beschreiben. Dementsprechend kann die Beschreibung des Reglerentwurfsmodells auf Grundlage der Referenzübertragungsfunktion in Hinblick auf die radseitigen Drehzahlregelungen als eine Störgrößenaufschaltung und eine Vorsteuerung interpretiert werden. Sie weisen
aufgrund der Linearität des Reglerentwurfsmodells keine Querkopplungen
auf, sodass sich die Vorsteuerung und die Störgrößenaufschaltung gegenseitig nicht beeinflussen. Da ihr Übertragungsverhalten dem des Reglerentwurfsmodells entspricht, zeigen sie analog zur Vorsteuerung mit intergrierter
Störgrößenaufschaltung Tendenzen zu unerwünschten schwach gedämpften
Eigenschwingungen. Aus diesem Grund und zur Realisierung größerer Freiheitsgrade bei der Gestaltung des Übertragungsverhaltens wird die Referenzübertragungsfunktion unter Beibehaltung der regelungstechnischen Struktur
durch die Synthetische Übertragungsfunktion ersetzt. Die Synthese ihrer
Struktur und Parametrierung hat den Ausgleich des zu Beginn von Kapitel
5.2 dargelegten Zielkonflikts zur Aufgabe und wird in Kapitel 5.2.3 vorgenommen. Die Ausgänge der sich ergebenden Störgrößenaufschaltung und der

resultierenden Vorsteuerung werden den Stellgrößen der radseitigen Drehzahlregelungen unter Berücksichtigung der Zusammenhänge (4.3) und (4.4) zwischen den seitenselektiven Drehmomenten sowie den Mitten- und Differenzmomenten aufgeschaltet. Die resultierende Vorsteuerung und Störgrößenaufschaltung ist zur Veranschaulichung anhand ihres Signalflussplans in Abbildung 5.6 dargestellt.

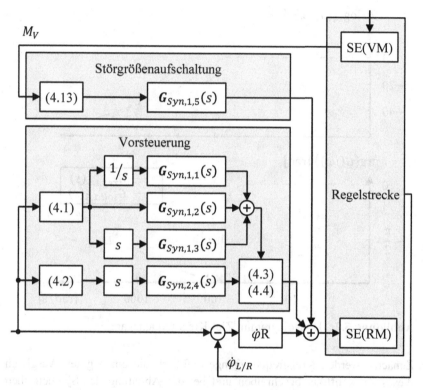

Abbildung 5.6: Signalflussplan: Vorsteuerung und Störgrößenaufschaltung

Auf die Zusammenfassung der Komponenten der Synthetischen Übertragungsfunktion in den ersten drei Spalten ihrer ersten Zeile unter Berücksichtigung des vorangestellten Integrators und Differenzierers wird verzichtet, da ihre gesonderte Betrachtung zu einer besseren Interpretierbarkeit der Ergebnisse führt. Außerdem geht diese Zusammenfassung mit einer Erhöhung der Ordnung der Übertragungsfunktion einher, was numerische Instabilitäten begünstigt.

5.2.3 Synthetische Übertragungsfunktion

In diesem Kapitel wird die Synthetische Übertragungsfunktion im Kreisfrequenzbereich entwickelt und anschließend komponentenweise im Zeitbereich untersucht, wobei ein guter Ausgleich des zu Beginn von Kapitel 5.2 erläuterten Zielkonflikts hergestellt werden soll.

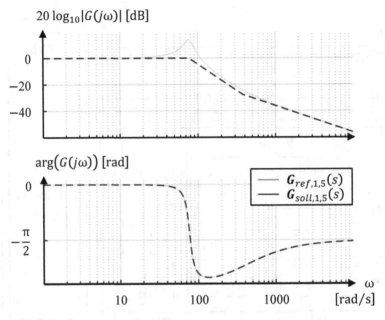

Abbildung 5.7: Bodediagramm: Ziel-Kreisfrequenzgang

Zunächst werden Kreisfrequenzgänge definiert, die einen guten Ausgleich dieses Zielkonflikts beschreiben und bei der Ableitung der Synthetischen Übertragungsfunktion als Zielsetzung dienen, sodass sie als die Ziel-Kreisfrequenzgänge $G_{soll}(s)$ bezeichnet werden. Während die Ziel-Phasengänge gleich denen der Referenzübertragungsfunktion sind, ergeben sich die Ziel-Amplitudengänge im Sinne der Robustheit der Vorsteuerung und Störgrößenaufschaltung aus den Gesamtasymptoten der Amplitudengänge der Referenzübertragungsfunktion. Die Gesamtasymptote des Amplitudengangs einer Übertragungsfunktion bezeichnet in Anlehnung an [68] die Summe der Asymptoten der Amplitudengänge der elementaren Übertragungsglieder, deren Produkt die Übertragungsfunktion bildet. Die Synthetische Übertragungsfunktion darf ferner keine konjugiert komplexen Polstellen aufweisen, damit die Vorsteuerung und Störgrößenaufschaltung frei von Eigenschwingungen ist. Zur Veranschaulichung dieses Vorgehens ist beispielhaft der Ziel-Kreisfrequenzgang der Komponente der Synthetischen Übertragungsfunktion in ihrer ersten Zeile und fünften Spalte in Abbildung 5.7 anhand eines Bodediagramms gemäß [66] dargestellt. Um die Unterschiede gegenüber der Referenzübertragungsfunktion zu verdeutlichen, ist in dieser Abbildung außerdem der Kreisfrequenzgang der Komponente in ihrer ersten Zeile und fünften Spalte eingetragen.

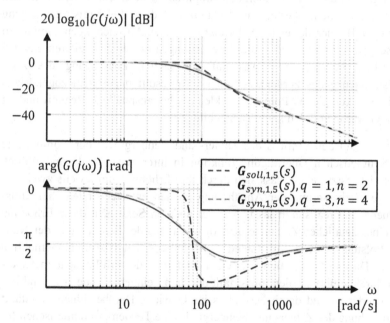

Abbildung 5.8: Bodediagramm: Synthetische Übertragungsfunktion

Der Ansatz für die jeweilige Komponente der Synthetischen Übertragungsfunktion besteht in Anlehnung an die Referenzübertragungsfunktion in der Übertragungsfunktion eines linearen zeitinvarianten Systems. Die Wahl der Null- und Polstellen sowie Konstanten wird dabei genutzt, um die Kreisfrequenzgänge der Synthetischen Übertragungsfunktion an die Ziel-Kreisfrequenzgänge anzunähern. Um zweckmäßige Zählergrade q und Nennergrade n der Synthetischen Übertragungsfunktion festzulegen, wird zunächst ihr Einfluss auf die Qualität der Annäherung an die Ziel-Kreisfrequenzgänge untersucht. Hierzu wird beispielhaft die Komponente der Synthetischen Übertragungsfunktion in ihrer ersten Zeile und fünften Spalte betrachtet, wobei die Ergebnisse auf ihre anderen Komponenten übertragbar sind. Die Bodediagramme zweier Varianten dieser Komponente der Synthetischen Übertragungsfunktion, die sich hinsichtlich ihres Zähler- und Nennengrades unterscheiden, sind in Abbildung 5.8 dargestellt. Um die Qualität der Annäherung an den zugehörigen Ziel Kreisfrequenzgang beurteilen zu können, ist er ebenfalls Bestandteil dieser Abbildung.

Es zeigt sich, dass es zwischen den Amplitudengängen der beiden Varianten der Synthetischen Übertragungsfunktion und dem Ziel-Kreisfrequenzgang primär im Bereich der ersten Eckkreisfrequenz zu Abweichungen kommt. Im Phasengang erstrecken sich die Abweichungen auf einen breiteren Bereich um diese Kreisfrequenz, was auf den steilen Phasengang des Ziel-Kreisfrequenzgangs zurückzuführen ist. Er resultiert aus dem zugehörigen konjugiert komplexen Polpaar mit kleinem betragsmäßigen Realteil und ist mit reellwertigen Polen kaum nachzubilden.

In Bezug auf den Einfluss des Zähler- und Nennergrades der Komponente der Synthetischen Übertragungsfunktion in ihrer ersten Zeile und fünften Spalte ist festzustellen, dass sich durch ihre Erhöhung um jeweils zwei eine geringe Verbesserung der Annäherung an den entsprechenden Ziel-Kreisfrequenzgang realisieren lässt. Auf der anderen Seite geht diese Erhöhung mit einer deutlichen Zunahme des Aufwands bei der Bestimmung der Null- und Polstellen sowie Konstanten der Synthetischen Übertragungsfunktion einher. Da ihre Bestimmung bei einer Änderung der Prüflingsparameter erneut durchgeführt werden muss, fällt der damit einhergehende Aufwand immer wieder an und damit besonders ins Gewicht. Darüber hinaus verstärkt die Erhöhung des Zähler- und Nennergrades die Tendenz zu numerischen Instabilitäten. Vor diesem Hintergrund werden Zähler- und Nennergrade der Synthetischen Übertragungsfunktion als zweckmäßig betrachtet, die denen der Referenzübertragungsfunktion entsprechen.

Zur Bestimmung der Pol- und Nullstellen sowie Konstanten der Synthetischen Übertragungsfunktion erweist sich ein Vorgehen als zweckmäßig, dessen Ergebnis die Gesamtasymptoten der Amplitudengänge der Referenzübertragungsfunktion nachbildet. Bei diesem Vorgehen werden die Nullstellen und Konstanten der Synthetischen Übertragungsfunktion, die allesamt reellwertig sind, gleich denen der Referenzübertragungsfunktion gesetzt. Die Polstellen der Synthetischen Übertragungsfunktion hingegen berechnen sich aus dem negierten Betrag des Imaginärteils der jeweiligen Polstelle der Referenzübertragungsfunktion. Dabei wird vorausgesetzt, dass Letztere komplexwertig sind, was einem schwingungsfähigen Antriebsstrang entspricht. Der Vollständigkeit halber sei darauf hingewiesen, dass andernfalls bereits die Vorsteuerung mit integrierter Störgrößenaufschaltung keine Eigenschwingungen ausführen kann, sodass die Entwicklung der Vorsteuerung und Störgrößenaufschaltung hinfällig ist. Dieses Vorgehen zur Bestimmung der Polstellen entspricht anschaulich dem Ersetzen eines schwingungsfähigen PT2-Glieds durch zwei nicht schwingungsfähige PT1-Glieder, deren Eckkreisfrequenz gleich der Resonanzkreisfrequenz des PT2-Gliedes ist. Auf Grundlage dieses Vorgehens ergibt sich für die Synthetische Übertragungsfunktion in Pol-Nullstellen-Form

$$
G_{Syn}(s) = \begin{pmatrix} -c\dfrac{s^2}{\left(s+\sqrt{\dfrac{c}{J_{Vers}+J_D}-\left(\dfrac{d}{2(J_{Vers}+J_D)}\right)^2}\right)^2} & 0 \\[2em] -d\dfrac{s^2}{\left(s+\sqrt{\dfrac{c}{J_{Vers}+J_D}-\left(\dfrac{d}{2(J_{Vers}+J_D)}\right)^2}\right)^2} & 0 \\[2em] -J_H & 0 \\ 0 & -J_H \\[1em] \dfrac{d}{J_{Vers}+J_D}\dfrac{\left(s+\frac{c}{d}\right)}{\left(s+\sqrt{\dfrac{c}{J_{Vers}+J_D}-\left(\dfrac{d}{2(J_{Vers}+J_D)}\right)^2}\right)^2} & 0 \end{pmatrix}^T , \qquad \text{Gl. 5.12}
$$

die aus Platzgründen in transponierter Form dargestellt ist. Im Folgenden sollen die Eigenschaften der Synthetischen Übertragungsfunktion untersucht werden, indem ihr Verhalten im Zeitbereich betrachtet und dem der Referenzübertragungsfunktion gegenübergestellt wird. Um zu einem besseren Systemverständnis zu gelangen, wird dabei insbesondere auf das Verhalten ihrer einzelnen Komponenten eingegangen. Zur Ermittlung des Verhaltens im Zeitbereich werden Simulationen auf Basis eines offenen Wirkungskreises durchgeführt. Die zugehörigen Versuchsdefinitionen leiten sich aus den Versuchsdefinitionen [4.1] und [4.3] ab, wobei anstelle des Sollwertes des Luftspaltmoments der eintriebseitigen elektromotorischen Stelleinrichtung das eintriebseitige Ersatzmoment vorgegeben wird. Die resultierenden Versuchsdefinitionen [5.1] und [5.2] sind in Tabelle 5.1 zusammengestellt und quantifiziert.

Tabelle 5.1: Versuchsdefinitionen: Simulationen des offenen Wirkungs-kreises

M_{vers} [Nm]	$\dot{\varphi}_{mit,soll}$ $\left[\frac{rad}{s}\right]$	$\Delta\dot{\varphi}_{soll}$ $\left[\frac{rad}{s}\right]$	Einfluss Lose	Versuchs-definition
$85 \rightarrow 228$	52,4	0	nein	[5.1]
85	$52,4 \rightarrow 26,2$	0	nein	[5.2]

Im Fall von Versuchsdefinition [5.1] liefern ausschließlich die Komponenten der Synthetischen Übertragungsfunktion in ihrer ersten Zeile und fünften Spalte und die entsprechende Komponente der Referenzübertragungsfunktion einen Beitrag zu den Stellgrößen der radseitigen Drehzahlregelungen. Zur Veranschaulichung ist der zeitliche Verlauf dieses Beitrags, der im Mittenwert der Stellgrößen der radseitigen Drehzahlregelungen $M_{mit,soll}$ besteht, in Abbildung 5.9 dargestellt.

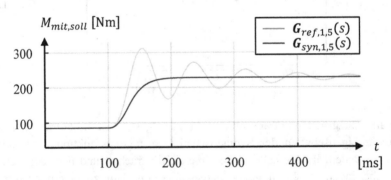

Abbildung 5.9: Signalverlauf: Synthetische Übertragungsfunktion basierend auf Versuchsdefinition [5.1]

Die Komponente der Referenzübertragungsfunktion in ihrer ersten Zeile und fünften Spalte beschreibt das Übertragungsverhalten des eintriebseitigen Ersatzmomentes auf den Mittenwert der Stellgrößen der radseitigen Drehzahlregelungen. Physikalisch interpretiert greift das eintriebseitige Ersatzmoment an der eintriebseitigen Ersatzdrehträgheit an, die es über ein Feder-Dämpfer-

Element auf den Mittenwert der Stellgrößen der radseitigen Drehzahlregelungen überträgt. Dabei wird radseitig von einer konstanten Mittenwinkelgeschwindigkeit ausgegangen, sodass der Einfluss der radseitigen Drehträgheiten unberücksichtigt bleibt.

Das Verhalten der Komponente der Synthetischen Übertragungsfunktion in ihrer ersten Zeile und fünften Spalte zeichnet sich durch ein überkritisch gedämpftes Kriechen ohne Überschwingen aus, während das Verhalten der entsprechenden Komponente der Referenzübertragungsfunktion von einem deutlichen Überschwingen und einer anschließenden exponentiell abklingenden harmonischen Schwingung gekennzeichnet ist. Überdies zeigt sich, dass das Verhalten der Synthetischen Übertragungsfunktion dem der Referenzübertragungsfunktion stationär gleicht und zu Beginn der Übergangsvorgänge nahekommt. Dementsprechend wird zusammenfassend ein guter Ausgleich des zu Beginn von Kapitel 5.2 beschriebenen Zielkonfliktes festgestellt.

Im Fall von Versuchsdefinition [5.2] liefern stattdessen die Komponenten der Synthetischen Übertragungsfunktion sowie der Referenzübertragungsfunktion in den ersten drei Spalten ihrer jeweils ersten Zeile Beiträge zu den Mittenwerten der Stellgrößen der radseitigen Drehzahlregelungen, deren zeitliche Verläufe in Abbildung 5.10 komponentenweise dargestellt sind.

Die Komponenten der Referenzübertragungsfunktion in den ersten beiden Spalten ihrer ersten Zeile beschreiben das Übertragungsverhalten des Mittenwertes der Führungsgrößen der radseitigen Drehzahlregelungen und seines zeitlichen Integrals auf den Mittenwert der Stellgrößen. Letzterer ist physikalisch interpretiert erforderlich, um die eintriebseitige Ersatzdrehträgheit zu beschleunigen. Der zeitliche Verlauf dieser Beschleunigung ergibt sich aus dem Mittenwert der Führungsgrößen der radseitigen Drehzahlregelungen, der über ein Feder-Dämpfer-Element auf die eintriebseitige Ersatzdrehträgheit übertragen wird. Dabei ist die Komponente der Referenzübertragungsfunktion in ihrer ersten Zeile und ersten bzw. zweiten Spalte dem von der Feder bzw. dem Dämpfer übertragenen Anteil des Mittenwertes der Stellgrößen der radseitigen Drehzahlregelungen zuzuordnen. Es ist zu erkennen, dass der vom Dämpfer gegenüber dem von der Feder übertragene Anteil gering ausfällt, was auf die schwache Eigendämpfung der Regelstrecke zurückzuführen ist.

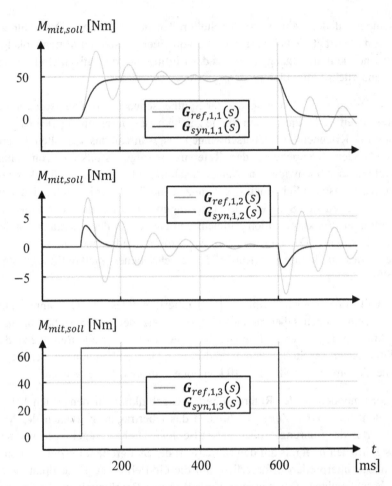

Abbildung 5.10: Signalverlauf: Synthetische Übertragungsfunktion basierend auf Versuchsdefinition [5.2]

Das Verhalten der Komponente der Synthetischen Übertragungsfunktion in ihrer ersten Zeile und ersten Spalte ist von einem überkritisch gedämpften Kriechen ohne Überschwingen gekennzeichnet, während sich das Verhalten der entsprechenden Komponente der Referenzübertragungsfunktion durch ein deutliches Überschwingen und eine anschließende exponentiell abklingende Schwingung auszeichnet. Für die Komponente der Synthetischen Übertragungsfunktion in ihrer ersten Zeile und zweiten Spalte sowie die zugehörige Komponente der Referenzübertragungsfunktion gilt Entsprechendes. In beiden Fällen ist zu erkennen, dass das Verhalten der Synthetischen Übertragungsfunktion dem der Referenzübertragungsfunktion zu Beginn der Übergangsvorgänge nahekommt und stationär gleicht. Demzufolge wird zusammenfassend ein guter Ausgleich des zu Beginn von Kapitel 5.2 beschriebenen Zielkonfliktes festgestellt.

Die Komponente der Referenzübertragungsfunktion in ihrer ersten Zeile und dritten Spalte beschreibt das Übertragungsverhalten der zeitlichen Ableitung des Mittenwertes der Führungsgrößen der radseitigen Drehzahlregelungen auf den Mittenwert der zugehörigen Stellgrößen. Physikalisch interpretiert ist der Mittenwert der Stellgrößen der radseitigen Drehzahlregelungen erforderlich, um die Beschleunigung der radseitigen Drehträgheit zu leisten, die unmittelbar der zeitlichen Ableitung des Mittenwerts der Führungsgrößen entspricht. Das Verhalten der Komponente der Synthetischen Übertragungsfunktion in ihrer ersten Zeile und dritten Spalte stimmt stationär und dynamisch vollständig mit dem der Referenzübertragungsfunktion überein.

Auf die Erläuterung des Verhaltens der Komponente der Referenzübertragungsfunktion in ihrer zweiten Zeile und vierten Spalte sowie der zugehörigen Komponente der Synthetischen Übertragungsfunktion wird unter dem Verweis auf die Analogie zu den Komponenten in ihren ersten Zeilen und dritten Spalten verzichtet. Desweiteren sei darauf hingewiesen, dass die Summe der Komponenten der Referenzübertragungsfunktion in ihrer ersten Zeile und dritten Spalte sowie ihrer zweiten Zeile und vierten Spalte der in Kapitel 3.9 beschriebenen Vorsteuerung der zur Beschleunigung der radseitigen Drehträgheiten erforderlichen Drehmomente entspricht, wobei für die Synthetische Übertragungsfunktion das Gleiche gilt.

5.2.4 SiL-Simulation und Prüfstandsversuch

In diesem Kapitel wird der Einfluss der Vorsteuerung und Störgrößenaufschaltung auf die radseitigen Drehzahlregelungen im geschlossenen Wirkungskreis untersucht. Hierzu wird auf SiL-Simulationen und Prüfstandsversuche auf Grundlage der Versuchsdefinitionen [4.1] bis [4.4] zurückgegriffen, die mit – und als Referenz ohne – Erweiterung der PI-Regelgesetze durchgeführt werden. Zur Veranschaulichung der Ergebnisse werden dieselben Größen wie in Kapitel 4.2.2 dargestellt, da sie in Hinblick auf die radseitigen Drehzahlregelungen besonders aussagekräftig sind. Der Schwerpunkt der folgenden Betrachtungen besteht in regelungstechnischen Gesichtspunkten, während in Bezug auf die physikalische Interpretation der Vorgänge auf Kapitel 4.2.2 verwiesen sei. Die Einteilung der folgenden Kapitel 5.2.4.1 bis 5.2.4.4 ergibt sich aus den Versuchsdefinitionen [4.1] bis [4.4].

5.2.4.1 Versuchsdefinition [4.1]

Die Ergebnisse der SiL-Simulationen und Prüfstandsversuche auf Grundlage der Versuchsdefinition [4.1] mit der Vorsteuerung und Störgrößenaufschaltung sowie den reinen PI-Regelgesetzen sind in Abbildung 5.11 veranschaulicht.

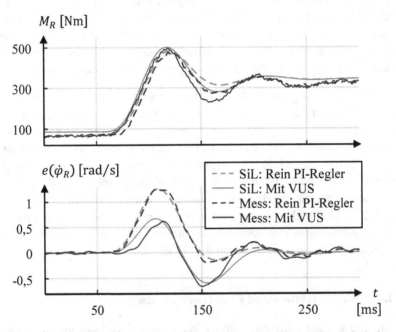

Abbildung 5.11: Signalverlauf: Vorsteuerung und Störgrößenaufschaltung basierend auf Versuchsdefinition [4.1]

Zunächst ist festzustellen, dass die Ergebnisse der SiL-Simulationen in der ersten Ordnung keine grundsätzlich anderen Effekte als die der zugehörigen Prüfstandsversuche zeigen. Dementsprechend wird bei den folgenden Erläuterungen nicht nach SiL-Simulationen und Prüfstandsversuchen unterschie-

den. Es zeigt sich ferner, dass die Stellgrößen der radseitigen Drehzahlregelungen durch den Einsatz der Vorsteuerung und Störgrößenaufschaltung zu
Beginn der Übergangsvorgänge an Phase gewinnen, was auf die Komponente der Synthetischen Übertragungsfunktion in ihrer ersten Zeile und fünften
Spalte zurückzuführen ist. Hierdurch gelingt es, die erste Amplitude der Regelabweichungen deutlich zu verringern, sodass die maximalen betragsmäßigen Regelabweichungen reduziert werden. Auf der anderen Seite wird die
erste Gegenschwingung der Regelabweichungen hierdurch verschoben, sodass sie betragsmäßig steigt. Das Abklingen der harmonischen Schwingungen der Stellgrößen verläuft mit und ohne Vorsteuerung und Störgrößenaufschaltung vergleichbar, während in Bezug auf die Regelabweichungen nen-
nenswerte Unterschiede festzustellen sind. Im Fall der erweiterten PI-
Regelgesetze sind die Verläufe der Regelabweichungen durch abklingende
harmonische Schwingungen gekennzeichnet, die weitestgehend mittelwert-
frei sind. Ihr Verlauf wird im Wesentlichen durch die Eigenschaften der Regelstrecke und der PI-Regelgesetze bestimmt, da die Vorsteuerung und Störgrößenaufschaltung schwingungsfreie Beträge zu den Stellgrößen liefert. Im
Fall der reinen PI-Regelgesetze hingegen sind diesen abklingenden harmonischen Schwingungen exponentiell abklingende Beiträge überlagert. Sie resultieren aus den Änderungen der stationär erforderlichen Stellgrößen, die von
den PI-Regelgesetzen aufzubringen sind.

5.2.4.2 Versuchsdefinition [4.2]

Zur Veranschaulichung der Ergebnisse der SiL-Simulationen und Prüfstandsversuche auf Grundlage von Versuchsdefinition [4.2] mit Vorsteuerung und
Störgrößenaufschaltung sowie den reinen PI-Regelgesetzen wird auf Abbildung 5.12 verwiesen.

Der wesentliche Unterschied zwischen den Ergebnissen der SiL-Simulationen und denen der Prüfstandsversuche ist im Bereich des ersten Gegen-
schwingens der Stellgrößen und Regelabweichungen festzustellen. Hier werden die Lose des Antriebsstrangs während der Prüfstandsversuche teilweise
durchquert, was zu einer Abweichung der Verläufe der Stellgrößen und der
Regelabweichungen von einer abklingenden harmonischen Schwingung
führt. Während der SiL-Simulationen hingegen werden die Lose des Antriebsstrangs knapp nicht erreicht, sodass die Stellgrößen und die Regelabweichungen eine abklingende harmonische Schwingung ausführen. Auf-

grund dieses Unterschiedes kommt es im weiteren Verlauf zu einem Phasenverzug zwischen den Stellgrößen und den Regelabweichungen der SiL-Simulationen und jenen der Prüfstandsversuche. Abgesehen von diesem Effekt erklären sich diese abklingenden Schwingungen analog zu Kapitel 5.2.4.1.

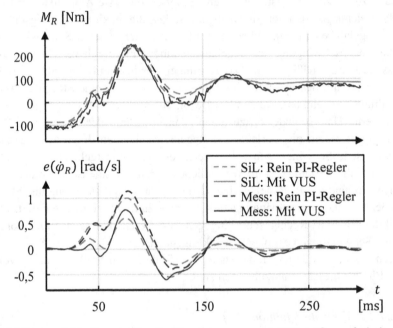

Abbildung 5.12: Signalverlauf: Vorsteuerung und Störgrößenaufschaltung
basierend auf Versuchsdefinition [4.2]

Der erste Anstieg der Stellgrößen und der Regelabweichungen hingegen
weist eine kurze Verzögerung in Form eines Wendepunktes auf, die auf die
Durchquerung der Lose des Antriebsstrangs zurückzuführen ist. Obwohl die
Vorsteuerung und Störgrößenaufschaltung die Lose des Antriebsstrangs nicht
berücksichtigt, führt sie zu einer deutlichen Reduzierung der Regelabweichungen bevor es zu der ersten Gegenschwingung in den Verläufen der
Stellgrößen und Regelabweichungen kommt. Diese Verbesserung ist im Wesentlichen auf den Phasengewinn der Stellgrößen durch den Einsatz der Vorsteuerung und Störgrößenaufschaltung zurückzuführen.

5.2.4.3 Versuchsdefinition [4.3]

Die Ergebnisse der SiL-Simulationen und Prüfstandsversuche auf Grundlage der Versuchsdefinition [4.3] mit der Vorsteuerung und Störgrößenaufschaltung sowie den reinen PI-Regelgesetzen sind in Abbildung 5.13 veranschaulicht, wobei ein zeitlicher Ausschnitt um den Beginn der Rampe in den Führungsgrößen dargestellt ist.

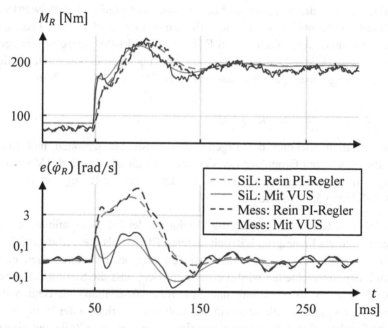

Abbildung 5.13: Signalverlauf: Vorsteuerung und Störgrößenaufschaltung basierend auf Versuchsdefinition [4.3]

Wiederum zeigen die Ergebnisse der SiL-Simulationen in der ersten Ordnung keine grundsätzlich anderen Effekte als die der zugehörigen Prüfstandsversuche, weswegen bei den folgenden Erläuterungen ebenfalls nicht nach SiL-Simulationen und Prüfstandsversuchen unterschieden wird. Die von der Vorsteuerung und Störgrößenaufschaltung geleisteten Beiträge zu den Stellgrößen der radseitigen Drehzahlregelungen entsprechen der Summe der in Abbildung 5.10 dargestellten Größen, wobei nach den Komponenten der Synthetischen Übertragungsfunktion unterschieden wird. Hieraus ergibt sich ein Phasengewinn der Stellgrößen gegenüber denen der reinen PI-

Regelgesetze, sodass die maximalen betragsmäßigen Regelabweichungen maßgeblich reduziert werden. Andererseits wird die erste Gegenschwingung der Regelabweichungen hierdurch verschoben, sodass sie betragsmäßig zunimmt. Der erste Peak in den Regelabweichungen, die sich unter dem Einfluss der Vorsteuerung und Störgrößenaufschaltung ergeben, hat seine Ursache analog zu Kapitel 5.1.1 in der, wenn auch hohen so doch endlichen, Dynamik der radseitigen elektromotorischen Stelleinrichtungen. Im weiteren Verlauf führen die Regelabweichungen eine weitestgehend mittelwertfreie harmonische Schwingung aus, die aktiv von den PI-Regelgesetzen gedämpft wird und somit zügig abklingt. Im Fall der reinen PI-Regelgesetze hingegen sind diesen abklingenden harmonischen Schwingungen exponentiell abklingende Beiträge überlagert, die sich analog zu Kapitel 5.2.4.1 erklären.

5.2.4.4   Versuchsdefinition [4.4]

Zur Veranschaulichung der Ergebnisse der SiL-Simulationen und Prüfstandsversuche auf Grundlage der Versuchsdefinition [4.4] mit der Vorsteuerung und Störgrößenaufschaltung sowie den reinen PI-Regelgesetzen wird auf Abbildung 5.14 verwiesen.

Zunächst ist festzustellen, dass die Ergebnisse der SiL-Simulationen in der ersten Ordnung keine grundsätzlich anderen Effekte als die der zugehörigen Prüfstandsversuche zeigen, sodass bei den folgenden Erläuterungen nicht nach ihnen unterschieden wird. Ferner zeigt sich, dass die Stellgrößen durch den Einsatz der Vorsteuerung und Störgrößenaufschaltung zu Beginn der Übergangvorgänge an Phase gewinnen, wobei das Verhalten der Komponente der Synthetischen Übertragungsfunktion in ihrer zweiten Zeile und vierten Spalte maßgeblich ist. Hierdurch werden die maximalen betragsmäßigen Regelabweichungen und die Dauer der Regelabweichungen deutlich reduziert.

Der erste Peak in den Regelabweichungen resultiert analog zu Kapitel 5.1.1 aus der, wenn auch hohen so doch endlichen, Dynamik der radseitigen elektromotorischen Stelleinrichtungen. Hierauf reagieren die PI-Regelgesetze mit zusätzlichen Beiträgen zu den Stellgrößen, sodass sich ein Überschwingen in ihrem Verlauf einstellt. Die reinen PI-Regelgesetze hingegen benötigen vergleichsweise lange, um die Regelabweichungen abzubauen. In allen Fällen treten keine nennenswerten Schwingungen auf.

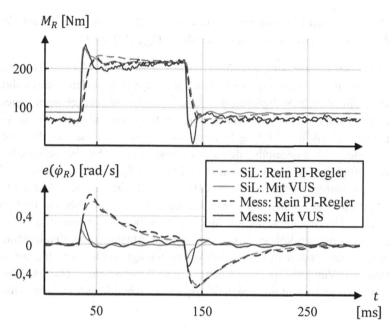

Abbildung 5.14: Signalverlauf: Vorsteuerung und Störgrößenaufschaltung basierend auf Versuchsdefinition [4.4]

5.3 Vereinfachte Vorsteuerung und Störgrößenaufschaltung

Die Vorsteuerung und Störgrößenaufschaltung erfordert, wie aus Kapitel 5.2 hervorgeht, einen erheblichen Aufwand bei ihrer Ableitung, der bei gegebener Modellstruktur im Wesentlichen aus der Identifikation der Regelstreckenparameter resultiert. Da diese Parameter prüflingsabhängig sind, fällt der mit ihrer Bestimmung einhergehende Aufwand immer wieder an und somit besonders ins Gewicht. Deshalb wird in diesem Kapitel eine Erweiterung der radseitigen Drehzahlregelungen entwickelt, die mit vergleichsweise geringem Aufwand an geänderte Prüflingsparameter angepasst werden kann. Zugleich soll die erreichbare Regelgüte derjenigen möglichst nahekommen, die durch den Einsatz der Vorsteuerung und Störgrößenaufschaltung erzielt wird. Um diese Ziele zu erreichen, wird die Vorsteuerung und Störgrößenaufschaltung als Ausgangspunkt verwendet und entsprechende Vereinfachungen an der Synthetischen Übertragungsfunktion vorgenommen, sodass sich die *Vereinfachte Synthetische Übertragungsfunktion* $G_{vSyn}(s)$ ergibt.

Zunächst wird festgestellt, dass die Dynamik der Beiträge der Komponenten der Synthetischen Übertragungsfunktion in den ersten beiden Spalten ihrer ersten Zeile zu den Stellgrößen der radseitigen Drehzahlregelungen gegenüber dem Beitrag der Komponente in ihrer ersten Zeile und dritten Spalte gering ausfällt, was in Abbildung 5.10 zu erkennen ist. Außerdem ist ihr Anteil an den Stellgrößen gegenüber dem der Komponente der Synthetischen Übertragungsfunktion in ihrer ersten Zeile und fünften Spalte in den meisten Fällen betragsmäßig gering. Vor diesem Hintergrund wird deutlich, dass die PI-Regelgesetze am ehesten die Vernachlässigung der Komponenten der Synthetischen Übertragungsfunktion in den ersten beiden Spalten ihrer ersten Zeile kompensieren können, sodass sie bei der Ableitung der Vereinfachten Synthetischen Übertragungsfunktion vernachlässigt werden. Die hieraus resultierende Vereinfachte Vorsteuerung und Störgrößenaufschaltung oder kurz VVUS ist anhand ihres Signalflussplans in Abbildung 5.15 veranschaulicht.

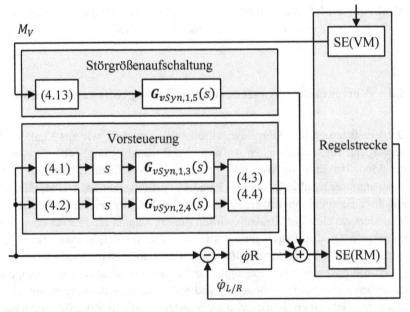

Abbildung 5.15: Signalflussplan: Vereinfachte Vorsteuerung und Störgrößenaufschaltung

Die Nullstelle der Komponente der Synthetischen Übertragungsfunktion in ihrer ersten Zeile und fünften Spalte hat aufgrund ihrer vergleichsweise hohen Eckkreisfrequenz, bei der der Amplitudengang bereits vergleichsweise gering ist, einen untergeordneten Einfluss auf das Verhalten der Vorsteuerung und Störgrößenaufschaltung. Aus diesem Grund wird sie bei der Ableitung der Vereinfachten Synthetischen Übertragungsfunktion vernachlässigt, sodass sich für die Vereinfachte Synthetische Übertragungsfunktion

$$G_{vSyn}(s) =$$

$$\begin{pmatrix} 0 & 0 & -J_H & 0 & \dfrac{\frac{c}{J_{Vers}+J_D}}{\left(s + \sqrt{\frac{c}{J_{Vers}+J_D} - \left(\frac{d}{2(J_{Vers}+J_D)}\right)^2}\right)^2} \\ 0 & 0 & 0 & -J_H & 0 \end{pmatrix} \qquad \text{Gl. 5.13}$$

ergibt. Die analytische Ermittlung ihrer beiden verbleibenden gleichen reellwertigen Polstellen, wie sie in Kapitel 5.2.3 erläutert ist, geht mit einem erheblichen Aufwand einher, der bei einer Änderung der Prüflingsparameter erneut zu leisten ist und damit besonders ins Gewicht fällt. Alternativ ist es möglich, die Vereinfachte Synthetische Übertragungsfunktion in der vereinfachten generischen Form

$$G_{vSyn}(s) = \begin{pmatrix} 0 & 0 & -J_H & 0 & s_{vSyn}^2 \dfrac{1}{(s+s_{vSyn})^2} \\ 0 & 0 & 0 & -J_H & 0 \end{pmatrix} \qquad \text{Gl. 5.14}$$

darzustellen, wobei s_{vSyn} den Betrag der doppelten reelwertigen Polstelle bezeichnet. Die Konstante der Komponente der Vereinfachten Synthetischen Übertragungsfunktion in ihrer ersten Zeile und fünften Spalte ist gleich dem Quadrat ihrer Polstellen, sodass sich eine stationäre Verstärkung von Eins ergibt, wie es dem zugehörigen Ziel-Frequenzgang entspricht. Demzufolge bestehen die Parameter der Vereinfachten Vorsteuerung und Störgrößenaufschaltung im Wirkungsgrad sowie dem Übersetzungsverhältnis des Antriebsstrangs, den radseitigen Drehträgheiten und dem Betrag der doppelten reellwertigen Polstelle der Komponente der Vereinfachten Synthetischen Übertragungsfunktion in ihrer ersten Zeile und fünften Spalte. Die radseitigen Drehträgheiten sowie das Übersetzungsverhältnis des Antriebsstrangs sind in vielen Fällen ohnehin bekannt, während sein Wirkungsgrad oft ohne großen Aufwand bis auf wenige Prozent genau geschätzt werden kann. Infolgedessen erfordert die Anpassung der Vereinfachten Vorsteuerung und Störgrößenaufschaltung an geänderte Prüflingsparameter im Wesentlichen die Bestimmung des Betrags der doppelten Polstelle der Komponente der Vereinfachten Synthetischen Übertragungsfunktion in ihrer ersten Zeile und fünften Spalte, also eines Parameters. Er kann ohne großen Aufwand betriebsbegleitend empirisch durch die Minimierung der Regelabweichung ermittelt werden.

Um die Qualität der Annäherung des Frequenzgangs der Komponente der Vereinfachten Synthetischen Übertragungsfunktion in ihrer ersten Zeile und fünften Spalte an den zugehörigen Ziel-Frequenzgang sowie die Abweichung gegenüber dem Frequenzgang der entsprechenden Komponente der Synthetischen Übertragungsfunktion beurteilen zu können, sind ihre Bodediagramme in Abbildung 5.16 dargestellt.

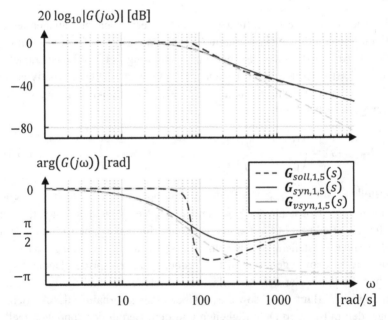

Abbildung 5.16: Bodediagramm: Vereinfachte Synthetische Übertragungsfunktion

Es zeigt sich, dass der Amplitudengang der Komponente der Vereinfachten Synthetischen Übertragungsfunktion in ihrer ersten Zeile und fünften Spalte erst für vergleichsweise hohe Kreisfrequenzen von dem der entsprechenden

Komponente der Synthetischen Übertragungsfunktion abweicht. Da die Verstärkung in diesem Kreisfrequenzbereich ohnehin deutlich unterhalb von −30 dB liegt, sind die daraus resultierenden absoluten Abweichungen vernachlässigbar. Außerdem ist festzustellen, dass die Komponente der Vereinfachten Synthetischen Übertragungsfunktion in ihrer ersten Zeile und fünften Spalte dem Phasengang des zugehörigen Ziel-Frequenzgangs bis zu einer vergleichsweise hohen Kreisfrequenz näherkommt als die entsprechende Komponente der Synthetischen Übertragungsfunktion. Dass sich dieser Sachverhalt für höhere Kreisfrequenzen verkehrt, fällt aufgrund der geringen Verstärkung in diesem Kreisfrequenzbereich und den damit einhergehenden geringen absoluten Abweichungen kaum ins Gewicht.

Zur Untersuchung des Einflusses der Vereinfachten Vorsteuerung und Störgrößenaufschaltung auf die radseitigen Drehzahlregelungen im geschlossenen Wirkungskreis werden in Kapitel 5.3.1 SiL-Simulationen durchgeführt und ihre Ergebnisse diskutiert.

5.3.1 SiL-Simulation

In diesem Kapitel wird der Einfluss der Vereinfachten Vorsteuerung und Störgrößenaufschaltung auf die radseitigen Drehzahlregelungen im geschlossenen Wirkungskreis untersucht. Hierzu werden SiL-Simulationen durchgeführt, deren Ergebnisse zu ihrer besseren Beurteilbarkeit denen der SiL-Simulationen aus Kapitel 5.2.4 gegenübergestellt werden. Auf die Durchführung von Prüfstandsversuchen hingegen wird verzichtet, da die SiL-Simulationen die entsprechenden Prüfstandsversuche, wie Kapitel 5.2.4 zu entnehmen ist, auch unter dem Einfluss einer Erweiterung der PI Regelgesetze gut in Hinblick auf die radseitigen Drehzahlregelungen nachbilden. Zur Veranschaulichung der Ergebnisse werden dieselben Größen wie in Kapitel 4.2.2 dargestellt, da sie in Bezug auf die radseitigen Drehzahlregelungen eine hohe Aussagekraft besitzen. Der Fokus der folgenden Betrachtungen liegt auf regelungstechnischen Aspekten, während hinsichtlich der physikalischen Interpretation der Vorgänge auf Kapitel 4.2.2 verwiesen sei. Die Einteilung der folgenden Kapitel 5.3.1.1 und 5.3.1.2 ergibt sich aus den zugrundeliegenden Versuchsdefinitionen [4.2] und [4.3].

5.3.1.1   Versuchsdefinition [4.2]

Die Ergebnisse der SiL-Simulationen auf Grundlage der Versuchsdefinition [4.2] sind in Abbildung 5.17 dargestellt.

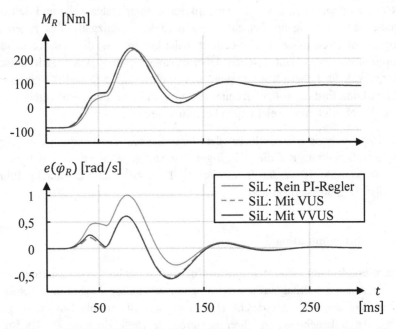

Abbildung 5.17: Signalverlauf: Vereinfachte Vorsteuerung und Störgrößenaufschaltung basierend auf Versuchsdefinition [4.2]

Es ist erkennbar, dass sich die Vereinfachte Vorsteuerung und Störgrößenaufschaltung und die Vorsteuerung und Störgrößenaufschaltung im geschlossenen Regelkreis nahezu identisch verhalten. Dasselbe zeigt sich in Zusammenhang mit Versuchsdefinition [4.1], weswegen auf die Darstellung der zugehörigen Ergebnisse verzichtet wird. Vor diesem Hintergrund wird für weitere Erläuterungen auf die Kapitel 5.2.4.1 und 5.2.4.2 verwiesen.

Zusammenfassend lässt sich feststellen, dass die mit der Vereinfachten Vorsteuerung und Störgrößenaufschaltung erzielbare Regelgüte der der Vorsteuerung und Störgrößenaufschaltung in Hinblick auf die Versuchsdefinitionen [4.1] und [4.2] sehr nahekommt.

5.3.1.2 Versuchsdefinition [4.3]

Zur Veranschaulichung der Ergebnisse der SiL-Simulationen auf Grundlage der Versuchsdefinition [4.3] wird auf Abbildung 5.18 verwiesen, wobei ein zeitlicher Ausschnitt um den Beginn der Rampe in den Führungsgrößen dargestellt ist.

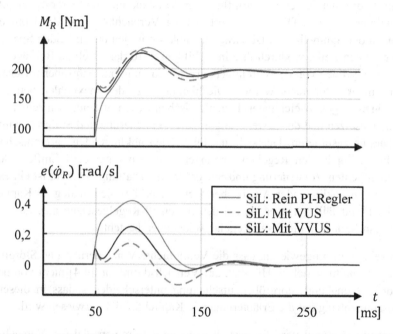

Abbildung 5.18: Signalverlauf: Vereinfachte Vorsteuerung und Störgrößenaufschaltung basierend auf Versuchsdefinition [4.3]

Der von der Vereinfachten Vorsteuerung und Störgrößenaufschaltung geleistete Beitrag zu den Stellgrößen entspricht dem in Abbildung 5.10 dargestellten Verlauf der Ausgangsgröße der Komponente der Synthetischen Übertragungsfunktion in ihrer ersten Zeile und dritten Spalte. Hieraus ergibt sich wie im Fall der Vorsteuerung und Störgrößenaufschaltung im ersten Augenblick ein deutlicher Phasengewinn der Stellgrößen, wodurch die maximalen betragsmäßigen Regelabweichungen reduziert werden. Auf der anderen Seite folgt eine Verschiebung der ersten Gegenschwingung der Regelabweichungen, sodass sie betragsmäßig gegenüber denen der reinen PI Regelgesetze steigen. Der erste Peak in den Regelabweichungen, die sich unter dem Einfluss der Vereinfachten Vorsteuerung und Störgrößenaufschaltung ergeben, resultiert analog zu Kapitel 5.1.1 aus der, wenn auch hohen so doch endlichen, Dynamik der radseitigen elektromotorischen Stelleinrichtungen.

Im weiteren Verlauf zeigen die Stellgrößen in Hinblick auf die Vereinfachte Vorsteuerung und Störgrößenaufschaltung einen Phasenverlust gegenüber denen, die sich unter dem Einfluss der Vorsteuerung und Störgrößenaufschaltung ergeben. Dieser resultiert aus der Vernachlässigung der Komponenten der Synthetischen Übertragungsfunktion in den ersten beiden Spalten ihrer ersten Zeile, wodurch ihre in Abbildung 5.10 dargestellten Beiträge zu den Stellgrößen von der Vereinfachten Vorsteuerung und Störrößenaufschaltung nicht aufgebracht werden. Die hieraus folgenden maximalen betragsmäßigen Regelabweichungen liegen zwischen denen, die aus den reinen PI Regelgesetzen und der Erweiterung um die Vorsteuerung und Störgrößenaufschaltung resultieren. Der sich anschließenden abklingenden harmonischen Schwingung in den Regelabweichungen, die sich unter dem Einfluss der Vereinfachten Vorsteuerung und Störgrößenaufschaltung ergeben, ist ein exponentiell abklingender Anteil überlagert. Er erklärt sich analog zu Kapitel 5.2.4.1 und fällt geringer als bei den reinen PI-Regelgesetzen aus, da sein Ausgangspunkt in kleineren Regelabweichungen besteht.

Es sei darauf hingewiesen, dass die Vereinfachte Vorsteuerung und Störgrößenaufschaltung sich in Hinblick auf Versuchsdefinition [4.4] nicht von der Vorsteuerung und Störgrößenaufschaltung unterscheidet, sodass in diesem Zusammenhang auf die Erläuterungen in Kapitel 5.2.4.4 verwiesen wird.

Zusammenfassend wird festgestellt, dass im Zusammenspiel mit Versuchsdefinition [4.3] bzw. [4.4] die Verbesserung der Regelgüte, die durch den Einsatz der Vorsteuerung und Störgrößenaufschaltung erzielt wird, durch die Verwendung der Vereinfachten Vorsteuerung und Störgrößenaufschaltung zum Großteil bzw. vollständig erreicht werden kann.

5.4   Quantifizierung und Zusammenfassung der Ergebnisse

Zur Quantifizierung des Einflusses der Vorsteuerung und Störgrößenaufschaltung sowie der Vereinfachten Vorsteuerung und Störgrößenaufschaltung auf die Regelgüte der radseitigen Drehzahlregelungen werden zwei Maße für ihre Verbesserung gegenüber den reinen PI-Regelgesetzen definiert, die auf in der Regelungstechnik üblichen Maßen für die Regelgüte basieren. Hierzu zählen die maximale betragsmäßige Regelabweichung

$$|e(\dot{\varphi}_{L/R})|_{max} = \max(|\dot{\varphi}_{L/R,soll} - \dot{\varphi}_{L/R}|) \qquad \text{Gl. 5.15}$$

wie sie in [66] beschrieben ist, und die aus der quadratischen Regelfläche gemäß [66] abgeleitete mittlere quadratische Regelfläche

$$\bar{I}^2(\dot{\varphi}_{L/R}) = \frac{1}{t_1-t_0} \int_{t_0}^{t_1} (\dot{\varphi}_{L/R,soll} - \dot{\varphi}_{L/R})^2 dt \qquad \text{Gl. 5.16}$$

der radseitigen Drehzahlregelungen. Bei Letzterer wird der Betrachtungszeitraum mithilfe der Integrationsgrenzen t_0 und t_1 so gewählt, dass er jeweils dem in Abbildung 4.11 bis Abbildung 4.13 dargestellten Zeitraum entspricht. Auf dieser Grundlage wird die relative Verbesserung der maximalen betragsmäßigen Regelabweichung

$$\hat{V}_{VUS/VVUS}(\dot{\varphi}_{L/R}) = \frac{|e(\dot{\varphi}_{L/R})|_{max,PI} - |e(\dot{\varphi}_{L/R})|_{max,VUS/VVUS}}{|e(\dot{\varphi}_{L/R})|_{max,PI}}. \qquad \text{Gl. 5.17}$$

und die relative Verbesserung der mittleren quadratischen Regelabweichung

$$\bar{V}^2_{VUS/VVUS}(\dot{\varphi}_{L/R}) = \frac{\bar{I}^2_{PI}(\dot{\varphi}_{L/R}) - \bar{I}^2_{VUS/VVUS}(\dot{\varphi}_{L/R})}{\bar{I}^2_{PI}(\dot{\varphi}_{L/R})} \qquad \text{Gl. 5.18}$$

der Vorsteuerung und Störgrößenaufschaltung sowie der Vereinfachten Vorsteuerung und Störgrößenaufschaltung gegenüber den reinen PI-Regelgesetzen definiert. Tabelle 5.2 fasst die im Rahmen von SiL-Simulationen und Prüfstandsversuchen erzielten Verbesserungen auf Grundlage der beiden Verbesserungsmaße (5.17) und (5.18) zusammen, wobei beispielhaft die rechte radseitige Drehzahlregelung betrachtet wird.

Es zeigt sich, dass beide Verbesserungsmaße der Vereinfachten Vorsteuerung und Störgrößenaufschaltung lediglich in Zusammenhang mit Versuchsdefinition [4.3] um mehr als wenige Prozent hinter denen der Vorsteuerung und Störgrößenaufschaltung zurückbleiben. Dass in Hinblick auf diese Versuchsdefinition durch den Einsatz der Vereinfachten Vorsteuerung und Störgrößenaufschaltung eine deutliche Verbesserung der Regelgüte gegenüber den reinen PI-Regelgesetzen erzielt wird, spricht für die Robustheit der beiden Erweiterungen der PI-Regelgesetze. Darüber hinaus bleibt festzustellen, dass die beiden Verbesserungsmaße sowohl im Fall der Vorsteuerung und Störgrößenaufschaltung als auch im Fall der Vereinfachten Vorsteuerung und Störgrößenaufschaltung je nach Versuchsdefinition Werte zwischen 32 % und 98 % annehmen

Tabelle 5.2:   Quantifizierung: Verbesserung der Regelgüte

Versuchs-definition	SiL-Simulationen		Prüfstandsversuche
	$\hat{V}_{VUS}(\varphi_R)$	$\hat{V}_{VVUS}(\varphi_R)$	$\hat{V}_{VUS}(\varphi_R)$
[4.1]	40 %	40 %	32 %
[4.2]	47 %	44 %	47 %
[4.3]	67 %	41 %	61 %
[4.4]	67 %	67 %	54 %
	$\bar{V}^2_{VUS}(\varphi_R)$	$\bar{V}^2_{VVUS}(\varphi_R)$	$\bar{V}^2_{VUS}(\varphi_R)$
[4.1]	51 %	48 %	47 %
[4.2]	57 %	52 %	63 %
[4.3]	87 %	76 %	82 %
[4.4]	98 %	98 %	94 %

6 Schlussfolgerung und Ausblick

Es war das Ziel dieser Arbeit, aus der Literatur bekannte Verfahren zur Regelung von Antriebsstrangprüfständen systematisch und strukturiert zusammenzufassen und neue Verfahren zur Verbesserung der Regelgüte der radseitigen Drehzahlregelungen zu entwickeln.

In diesem Zusammenhang wurden zunächst gängige Drehzahl- und Wellenmomentregelungen sowie ergänzende Verfahren wie Vorsteuerungen, Störgrößenaufschaltungen, Entkopplungen und aktive Dämpfungen zur Verbesserung der Regelgüte vorgestellt. Darüber hinaus wurde auf geläufige Methoden zur Simulation von Verbrennungsmotoren, Straßenlasten und Fahrern eingegangen, die die Realitätsnähe von Prüfstandsversuchen verbessern und damit dem Road-to-Rig-Gedanken Rechnung tragen. Außerdem wurde festgestellt, dass deutliche Querkopplungen zwischen den ein- und abtriebseitigen Regelkreisen bestehen, sodass die Regelung von Antriebsstrangprüfständen als Mehrgrößenregelung betrachtet werden sollte. Darüber hinaus zeigte sich, dass die beschriebenen Vorsteuerungen, Störgrößenaufschaltungen und Entkopplungen die Regelstrecke stark vereinfachend als Kombination aus Drehträgheiten ohne elastische Eigenschaften betrachten.

Mit modernen elektromotorischen Stelleinrichtungen ist es in zunehmendem Maß möglich Luftspaltmomente aufzuprägen, die im Kreisfrequenzbereich der ersten Ordnung der Eigendynamik gängiger Prüflinge liegen. Vor diesem Hintergrund wurden im Rahmen der vorliegenden Arbeit die Vorsteuerung mit integrierter Störgrößenaufschaltung, die Vorsteuerung und Störgrößenaufschaltung sowie die Vereinfachte Vorsteuerung und Störgrößenaufschaltung entwickelt. Sie berücksichtigen allesamt erstmalig das dynamische Übertragungsverhalten des Prüflings und seinen Wirkungsgrad. Die Vorsteuerung mit integrierter Störgrößenaufschaltung hat sich aufgrund ihrer Tendenz zu schwach gedämpften Eigenschwingungen als kaum robust und damit in der Praxis als ungeeignet erwiesen. Aus diesem Grund sind die Vorsteuerung und Störgrößenaufschaltung sowie die Vereinfachte Vorsteuerung und Störgrößenaufschaltung nicht zu Eigenschwingungen fähig und sollen das dynamische Übertragungsverhalten des Prüflings dennoch möglichst genau nachbilden. Die Vereinfachte Vorsteuerung und Störgrößenaufschaltung wurde aus der Vorsteuerung und Störgrößenaufschaltung abgeleitet, wobei

© Springer Fachmedien Wiesbaden GmbH, ein Teil von Springer Nature 2019
N. Stegmaier, *Regelung von Antriebsstrangprüfständen*, Wissenschaftliche Reihe
Fahrzeugtechnik Universität Stuttgart, https://doi.org/10.1007/978-3-658-24270-1_6

einige vereinfachende Annahmen in Bezug auf das dynamische Übertragungsverhalten getroffen wurden. Hieraus resultiert eine erhebliche Reduzierung des mit einer Änderung von Prüflingsparametern einhergehenden Anpassungsaufwandes, sodass im Fall der Vereinfachten Vorsteuerung und Störgrößenaufschaltung im Wesentlichen die empirische Bestimmung eines Parameters erforderlich ist, die betriebsbegleitend erfolgen kann.

Zur Beurteilung des Einflusses der Vorsteuerung und Störgrößenaufschaltung sowie der Vereinfachten Vorsteuerung und Störgrößenaufschaltung auf die Regelgüte der radseitigen Drehzahlregelungen wurden Simulationen auf Basis des geschlossenen Wirkungskreises und Prüfstandsversuche durchgeführt. Hiermit konnten relative Verbesserungen der Regelgüte gegenüber den reinen PI-Regelgesetzen zwischen 32 % und 98 % nachgewiesen werden. Von diesen Verbesserungen profitiert ebenso die Realitätsnähe der Prüfstandsversuche, da einige Straßenlastsimulationen auf radseitigen Drehzahlregelungen basieren. Außerdem wurde gezeigt, dass eine gute Übertragbarkeit der angestellten Überlegungen und erarbeiteten Erkenntnisse auf andere Regelstrecken besteht. Hierzu zählen das Ergänzen des Prüflings um ein Handschalt-, ein Doppelkupplungs- oder ein Automatgetriebe mit geschlossener Wandlerüberbrückungskupplung, wobei Schaltungen ausgenommen sind, sowie das Ersetzen des prüfstandseitigen Eintriebs durch einen prüflingseitigen Verbrennungs- bzw. Elektromotor.

Weiterführende Arbeiten könnten die beschriebenen Verfahren um die Betrachtung des teilweise geöffneten Antriebsstrangs erweitern. Im Fall eines Handschalt- bzw. Doppelkupplungsgetriebes ist hierzu die Berücksichtigung der Kupplung bzw. Kupplungen erforderlich, wodurch der Einsatz des Verfahrens während dynamischer Schaltvorgänge ermöglicht wird. Im Fall eines konventionellen Automatgetriebes wären die Kupplungen und Bremsen zur Schaltung der Gangstufen sowie der Wandler und seine Überbrückungskupplung von den Verfahren zu berücksichtigen. Hierdurch ist es möglich sie während dynamischer Schaltvorgänge und bei nicht vollständig geschlossener Wandlerüberbrückungskupplung einzusetzen. Darüber hinaus könnten weiterführende Arbeiten die vorgestellten Verfahren um die Betrachtung von Verteilerdifferentialen oder anderen insbesondere aktiven Ausführungsformen von Achsdifferentialen mit hoher Sperrwirkung erweitern.

Literaturverzeichnis

[1] U. Seifert und G. Rainer, Virtuelle Produktentstehung für Fahrzeug und Antrieb im Kfz, 1. Auflage Hrsg., Vieweg + Teubner Verlag, 2008.

[2] M. Böhm, N. Stegmaier, G. Baumann und H.-C. Reuss, Der neue Antriebsstrang- und Hybrid-Prüfstand der Universität Stuttgart, ATZ, Hrsg., 2011.

[3] M. Scuito und R. Hellmund, "Road to Rig" - Simulationskonzept an Powertrain-Prüfständen in der Getriebeerprobung, 2001.

[4] R. Hellmund, "Road to Rig" Strategy: Transfer of Transmission Related Vehicle Tests into the Laboratory, 1999.

[5] K. U. Voigt, "Road To Rig" Test Systems - New Transmission & Powertrain Durability Testing Facility, 1999.

[6] H. W. Weyland, Der wirtschaftliche Nutzen dynamsicher Prüfstände am Beispiel der Fahrzeugindustrie, 1981.

[7] H.-J. von Thun und M. Pfeiffer, Dynamisches Testen auf einem Allrad-Triebstrangprüfstand, 1988, pp. S. 1-19.

[8] G. Burlak, Transmission Systems Dynamometers, 1999.

[9] R. Homann, Dynamisches Prüfen von Motoren und Antriebssträngen auf Prüfständen mit hydrostatischen Maschinen, 1988, pp. S. 21-48.

[10] N. Geiss, Verfahren und Vorrichtung zur Prüfung eines Allradaggregats, 1988.

[11] W. Gebauer, Ein hochdynamischer Motorenprüfstand mit Simulation von Fahrer, Fahrzeug und Fahrwiderstand, 1988, pp. S. 49-66.

[12] H. Naunheimer, B. Bertsche und G. Lechner, Fahrzeuggetriebe, 2., bearbeitete und erweiterte Auflage Hrsg., Springer, 2007.

© Springer Fachmedien Wiesbaden GmbH, ein Teil von Springer Nature 2019
N. Stegmaier, *Regelung von Antriebsstrangprüfständen*, Wissenschaftliche Reihe Fahrzeugtechnik Universität Stuttgart, https://doi.org/10.1007/978-3-658-24270-1

[13] T. Heimbold, Einführung in die Automatisierungstechnik, Fachbuch Verlag Leipzig im Carl Hanser Verlag, 2015.

[14] W. Kahlke, Global Test Automation System: New Automation System for Powertrain Test Center, 1999.

[15] G. Hohenberg, D. D. Terra, C. Schyr, K. Gschweitl und C. Christ, Anforderungen an Prüfstände für Hybridfahrzeuge, 2006.

[16] I. Schmid, H. Weyland, W. Ehlert und G. Fietz, Universelle Leistungsprüfanlage als Baukastensystem, 1984.

[17] I. Schmid, Das neue Laboratorium für Kraftfahrwesen der Hochschule der Bundeswehr Hamburg, 1982.

[18] J. Stieler und H. W. Weyland, Dynamischer Prüfstand für automatische Wendegetriebe, 1982.

[19] M. Crampen, E. Danner, D. Naundorf und S. Osbahr, Dynamischer Antriebsstrangprüfstand als universelles Entwicklungswerkzeug, 2003.

[20] H.-J. von Thun, Dynamischer Verbrennungsmotor-Prüfstand mit Echtzeitsimulation des Kraftfahrzeug-Antriebsstrangs, 1987.

[21] P. Brodbeck, M. Pfeiffer, S. Germann, C. Schyr und S. Ludemann, Verbesserung der Simulationsgüte von Antriebsstrangprüfständen mittels Reifenschlupfsimulation, VDI, Hrsg., 2001.

[22] H.-J. von Thun, Dynamische Nachbildung von Verbrennungsmotoren am vollelektrischen Getriebeprüfstand, 1983.

[23] H.-J. von Thun, Verfahren zum Simulieren von Trägheitsmomenten und geregelter Prüfstand zur Durchführung des Verfahrens, 1984.

[24] R. Oberhaus, Regelung von Hinterachsgetriebe-Prüfständen, 1975, pp. S. 80-86.

[25] H.-J. von Thun, Dynamic Improvements of Controlled Multi-Machine Test Stands, 1975.

[26] D. Schröder, Elektrische Antriebe - Regelung von Antriebssystemen, 3. Auflage Hrsg., Springer, 2009.

[27] U. Nuß, Hochdynamische Regelung elektrischer Antriebe, 2010.

[28] W. Leonhard, Control of Electrical Drives, 3. Auflage Hrsg., Springer, 2001.

[29] J. Kronawitter, F. Schramm und G. Feicht, Verfahren zum Betreiben eines Prüfstandes für Fahrzeugantriebsstränge, 2008.

[30] M. Pfeiffer, P. Brodbeck, H. Braun und H. Knewitz, Prüfstand und Verfahren zum Überprüfen eines Antriebsstrangs, 2007.

[31] J. Heywood, International Combustion Engine Fundamentals, 1988.

[32] Entwicklungsmethodik für mechatronische Systeme, 2004.

[33] J. Lunze, Regelungstechnik II, 7. überarbeitete Auflage Hrsg., Springer Vieweg, 2012.

[34] E.-R. Oberhaus und H.-J. von Tnun, Regeleinrichtung zur Regelung von mehreren Regelgrößen, 1974.

[35] K.-J. Lemke und D. Kullmann, Universal-Getriebe-Prüfstand, 1988, pp. S. 159-176.

[36] W. Rossegger, S. Pircher, T. Stainer, R. Bauer und T. Haidinger, Verfahren und Prüfstand zur Nachbildung des Fahrverhaltens eines Fahrzeugs, 2011.

[37] R. Bendel, Regeleinrichtung für einen Prüfstand zum Prüfen von Kraftfahrzeugantriebsaggregaten, 1988.

[38] R. Weinowski, A. Sehr, S. Wedowski, S. Heuer, T. Hamm und C. Tiemann, Zukünftiges Downsizing bei Ottomotoren - Potentiale und Grenzen von 2- und 3-Zylinder Konzepten, 2009.

[39] H. Walter und H. J. Fischer, Simulation von dynamischen Straßenfahrten auf Getriebeprüfständen, 1988, pp. S. 227-243.

[40] S. German, H. Nonn, W. Kopecky, G. Abler, L. Witte, H. T. Xuan, M. Pfeiffer und P. Brodbeck, Verfahren zum Simulieren des Verhaltens eines Fahrzeuges auf einer Fahrbahn, 2000.

[41] R. Bauer, Neues Regelkonzept für die dynamische Antriebsstrangprüfung, 2011, pp. 104-16.

[42] I. Schmid, A tracked vehicle test stand for the simulation of dynamic operation, 1984, pp. S. 835-853.

[43] H.-J. von Thun, Prüfstand zum Testen des Antriebsstranges eines Fahrzeugs, 1988.

[44] M. Pfeiffer, H. Braun und P. Brodbeck, Prüfstand und Verfahren zum Überprüfen eines Verhaltens eines Antriebsstrangs eines Kraftfahrzeuges, 2008.

[45] J. Lunze, Regelungstechnik I, 9. Auflage Hrsg., Springer Vieweg, 2012.

[46] S. Kehl, Querregelung eines Versuchsfahrzeugs entlang vorgegebener Bahnen, Shaker Verlag, 1993.

[47] T. Eigel, Integrierte Längs- und Querführung von Personenkraftwagen mittels Sliding-Mode-Regelung, 2010.

[48] H. G. W. Becker, Einrichtung zur Drehmoment- oder Drehzahlregelung einer Vordermaschine und/oder Hintermaschine bei einem Prüfstand, z.B. bei einem Wandlerprüfstand, 1973.

[49] R. Bauer, M. Lang, B. Pressl, W. Rossegger und F. Voit, Verfahren zur Dämpfung von Schwingungen, 2013.

[50] H.-J. von Thun und E.-R. Oberhaus, Einrichtung zur Drehzahl- und Drehmomentregelung von Mehrmaschinen Prüfständen, 1975.

[51] H.-J. von Thun und E.-R. Oberhaus, Anordnung zur Drehzahl- und Drehmomentregelung bei mechanisch miteinander gekoppelten elektrischen Maschinen, 1974.

[52] I. Schmid, G. Fietz und H.-J. von Thun, Minimierung der Drehschwingungen von dynamischen Getriebeprüfständen, 1983.

[53] S. Germann, Verfahren und Vorrichtung zum Prüfen eines Fahrzeug-Antriebsstranges, 2003.

[54] H.-P. Tröndle, Regeleinrichtung für einen Differentialprüfstand, 1982.

[55] M. Glöckler, Simulation mechatronischer Systeme, Springer Vieweg, 2014.

[56] L. Webersinke, Adaptive Antriebsstrangregelung für die Optimierung des Fahrverhaltens von Nutzfahrzeugen, Universitätsverlag, 2008.

[57] M. Petterson, Driveline Modeling and Control, 1997.

[58] J. Fredriksson und B. Egardt, Nonlinear Control applied to Gearshifting in Automated Manual Transmission, 2000, pp. 444-449.

[59] M. Nordin und P.-O. Gutman, Controlling mechanical systems with backlash - a survey, 2002, pp. 1633-1649.

[60] M. Nordin, J. Galic und P.-O. Gutmann, New Modells for Backlash and Gearplay, 1997, pp. 49-63.

[61] W. J. W. W. Riemer Michael, Mathematische Methoden der Technischen Mechanik, 2007.

[62] D. Dinkler, Einführung in die Strukturdynamik, Springer Vieweg, 2016.

[63] H. W. S. J. W. W. Gross Dietmar, Technische Mechanik III, 9. Hrsg., Springer, 2006.

[64] D. Adamski, Simulation in der Fahrwerkstechnik, Springer Vieweg, 2014.

[65] J. Schäuffele und T. Zurawka, Automotiv Software Engineering, 3. Auflage Hrsg., Vieweg, 2006.

[66] H. Unbehauen, Regelungstechnik I, 15. Auflage Hrsg., Vieweg + Teubner, 2008.

[67] L. Litz, Grundlagen der Automatisierungstechnik : Regelungssysteme - Steuerungssysteme - Hybride Systeme, 2. Hrsg., 2013.

[68] R. Paul und S. Paul, Repetitorium Elektrotechnik: Elektromagnetische Felder, Netzwerke, Systeme, Springer, 1996.

Printed in the United States
By Bookmasters